Die Grundlagen der Zahnradbearbeitung

unter Berücksichtigung der modernen Verfahren und Maschinen

von

Dr.-Ing. Curt Barth

Privatdozent an der Kgl. Technischen Hochschule
zu Aachen.

Mit 100 Textfiguren.

Berlin.
Verlag von Julius Springer.
1911.

ISBN-13: 978-3-642-98860-8   e-ISBN-13: 978-3-642-99675-7
DOI: 10.1007/978-3-642-99675-7

Vorwort.

Zweck des vorliegenden Buches ist, fördernd zur Entwickelung der Zahnradbearbeitung beizutragen.

In der Verfolgung dieses Zieles treten besonders zwei Punkte hervor. Es fehlt vorläufig an einer allgemeinen Kenntnis dessen, was bei der Bearbeitung der Zahnräder erreicht werden muß und was erreicht werden kann.

Allgemein die Genauigkeitsgrenzen der Bearbeitung nach dem Verwendungszweck der Räder festzulegen, würde lange Versuche und Beobachtungen nötig machen; auch wird jeder Betriebsleiter früher oder später von selbst erkennen, wie die Zahnräder, die er herzustellen hat, beschaffen sein müssen.

Weit wichtiger erschien der zweite Punkt, nämlich die Bearbeitungsmethoden in ihrem geometrischen Zusammenhang und in ihrer Wirkung zu verfolgen und durch die Aufdeckung ihrer Fehler auf Grund einer Untersuchung mit Hilfe der Verzahnungsgesetze, eine richtige Beurteilung der Werkzeuge und Maschinen zu ermöglichen; mit andern Worten, zu zeigen, was sie leisten können.

Gleichzeitig soll das Buch einem viel empfundenen Mangel abhelfen und die Verzahnungsgesetze in den Formen und den Zusammenhängen zeigen, in denen sie in der Praxis zur Anwendung kommen.

Aachen, im Mai 1911.

Curt Barth.

Inhaltsverzeichnis.

Einleitung.

Die Entwicklung der Zahnradbearbeitung hat sich durch das außerordentlich rasche Wachsen des Anwendungsgebietes besonders der Stirn- und Kegelräder so schnell vollzogen, daß die Frage nach der Güte des Erzeugnisses bei der Entscheidung über eine Maschinenanschaffung hinter der nach Wirtschaftlichkeit fast ganz zurücktrat. Erschwerend für ein einwandfreies Abschätzen der einzuschlagenden Richtung wirkte allerdings neben der Schwierigkeit des Gegenstandes an sich die fast allgemeine geringe Kenntnis der Verzahnungsgesetze. Wenn nun auch durch die Vervollkommnung der Maschinenkonstruktionen, die sich mit der allgemeinen Entwicklung der Werkzeugmaschinen vollzog, das Endziel der Zahnradbearbeitung — ein ruhig, geräuschlos laufendes Rad — um ein beträchtliches Stück näher rückte, so blieb doch immer noch ein besseres Ergebnis zu erstreben. Dies lenkte die Aufmerksamkeit auf die Grundlage der Maschinenkonstruktionen d. h. auf den geometrischen Zusammenhang der Zahnerzeugung in der Maschine und ließ diesen als den Angriffspunkt für deren Verbesserung erkennen.

Die Maschinen zur Herstellung von Stirn- und Kegelrädern scheiden sich nach den Arbeitsgrundlagen in zwei Gruppen, die man nach jenen „Form- oder Wälzverfahren" nennt.

Beim Formverfahren wird zur Erzeugung der Zahnflanke eine einmal hergestellte Form benutzt, die „Schablone" oder das „Formwerkzeug"; beim Wälzverfahren werden Werkzeug und Werkstück aufeinander abgewälzt.

Die Möglichkeit, die Erzeugung einer Fläche durch Linien- oder Punktberührung des Werkzeugs vorzunehmen, führt beim Formverfahren zu zwei verschiedenen Arbeitsmethoden; entweder man leitet das Werkzeug, das die Form der Zahnlücke hat. entlang der Zahnbreitenlinien (Fig. 1), oder man bewegt den gestaltenden Punkte der Werkzeugschneide in Richtung einer Zahnflankenerzeugenden und bringt ihn mittels einer Schablone in die zur Zahnflächenerzeugung nötigen Lagen (Fig. 2). Stirn- und Kegelräder mit geraden Zähnen lassen sich ohne weiteres nach dem zweiten Verfahren bearbeiten.

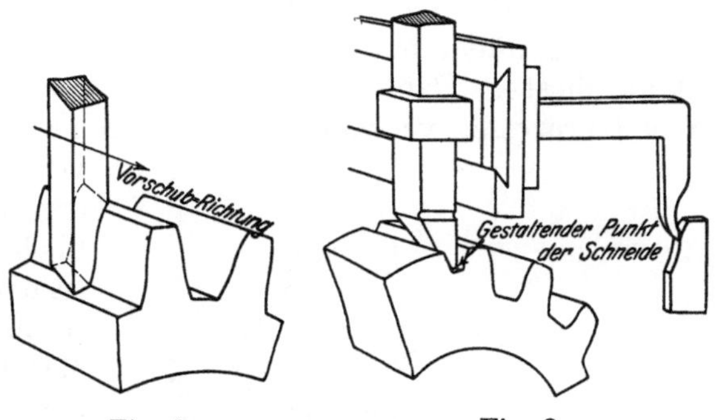

Fig. 1.   Fig. 2.

Man hat es wohl unternommen, dem Hobelstahl die Form der Zahnlücken zu geben (Fig. 3)[1], um dadurch auf die einfache geradlinige Werkzeugführung zu kommen. Der Vorschub des Stichels erfolgt in der vorgearbeiteten Lücke in

---

1) Fischer, Z. d. Ver. deutsch. Ing. 1897.

radialer Richtung. Seine richtige Gestalt aber bei dem durch das schnelle Stumpfwerden bedingten häufigen Nachschleifen zu erhalten und ihn stets wieder in die
richtige Stellung zu bringen, leitet zu Umständlichkeiten, die
den erreichten Vorteil bei weitem aufheben.

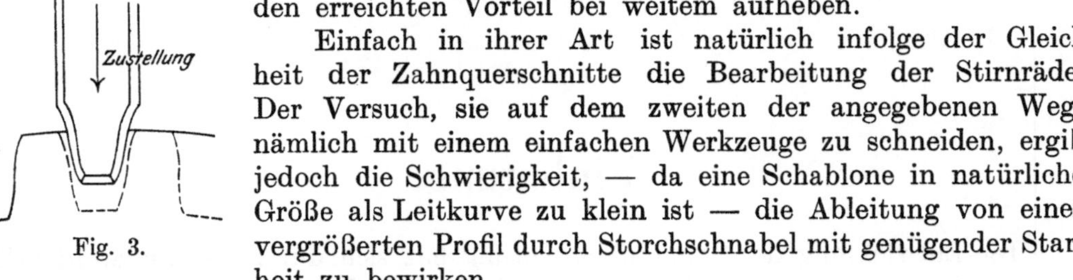

Fig. 3.

Einfach in ihrer Art ist natürlich infolge der Gleichheit der Zahnquerschnitte die Bearbeitung der Stirnräder.
Der Versuch, sie auf dem zweiten der angegebenen Wege,
nämlich mit einem einfachen Werkzeuge zu schneiden, ergibt
jedoch die Schwierigkeit, — da eine Schablone in natürlicher
Größe als Leitkurve zu klein ist — die Ableitung von einem
vergrößerten Profil durch Storchschnabel mit genügender Starrheit zu bewirken.

Die bedeutungsvolle Entwicklung des Fräsens als Bestreben, die den einen
Schneidzahn zu stark belastende Arbeit auf mehrere zu verteilen, hat dafür im
Zahnformfräser mit hinterdrehten Zähnen ein vorzügliches Werkzeug geschaffen
mit hoher Leistung und von großer Lebensdauer. Mit diesem Werkzeug hat man
die in der Maschine zur Zahnerzeugung notwendigen Bewegungen in einfache zerlegt und die Schwierigkeit der Zahnkurvenerzeugung, die in der veränderlichen
Flankenkrümmung liegt, vom eigentlichen Bearbeitungsprozeß getrennt, indem
die Erzeugung der Zahnkurve in die Werkzeugmacherei verlegt wurde.

Die Bearbeitung richtig geformte Kegelradzähne mit Hilfe des Profilfräsers
würde die Verwendung eines Werkzeugs erfordern, das sich fortlaufend dem nach
der Kegelspitze zu verjüngten Zahn anpaßt. Das ist natürlich nicht möglich. Man
benutzt wohl auch einen Formfräser wie bei Stirnrädern, wie weiter unten auseinandergesetzt wird, jedoch im Bewußtsein, starke Abweichungen von der theoretischen Form zu erhalten. Die Kegelform der Zähne drängt aber von selbst
zu der nach Fig. 2 ausgebildeten Methode. Da die Schnitte senkrecht zur Achse
eines Kegels untereinander ähnliche Figuren ergeben, braucht man nur in genügender Entfernung von der Spitze des Zahnkegels einen solchen senkrecht zur
Zahnmittelebene zu legen, um in passender Vergrößerung ein Profil zu erhalten, das
den Zahnquerschnitten ähnlich ist und in einfacher Weise als Leitschiene benutzt
werden kann.

Das Formverfahren ist bei der Bearbeitung von Stirnrädern bis heute am
meisten im Gebrauch; durchaus nicht, weil es bestimmte Vorzüge dem Wälzverfahren gegenüber hat, sondern lediglich weil es älter in der praktischen Anwendung
ist als dieses. Dabei sind wohl die einzelnen, dem Verfahren zugrunde liegenden
Arbeitsprozesse, vervollkommnet worden, im übrigen sind die nach dem Form

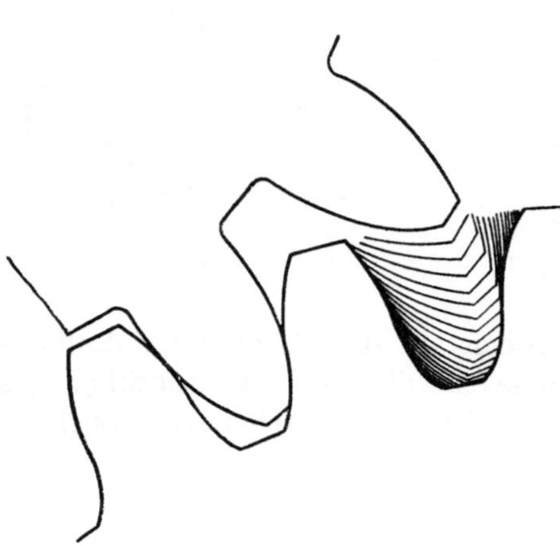

Fig. 4.

verfahren arbeitenden Maschinen in ihrem
organischen Aufbau sich immer gleich geblieben. Auch bei der Kegelradbearbeitung
ist das Formverfahren vorherrschend, wenn
es auch selbst und die auf ihm begründeten
Maschinen mehr Wandlungen durchgemacht
hat als bei der Stirnradbearbeitung.

Und doch hat sich das Wälzverfahren
in der kurzen Zeit seit seiner Einführung
so viele Anhänger besonders in Deutschland
erworben, daß jetzt beide Verfahren in
scharfem Wettbewerb liegen.

Die Grundlage der Gestaltung der Zahnkurven beim Wälzverfahren ist das Kämmen zweier verzahnter Räder. Es umhüllen nämlich (Fig. 4) bei der Bewegung zweier Räder die Zahnkurven des einen Rades die Zahnkurven des anderen.

Bildet man also das eine Rad als Werkzeug aus und erteilt ihm neben der Drehung eine Schneidbewegung (sofern nicht beide wie beim Schneckenfräser zusammenfallen), so werden bei der entsprechenden Bewegung des Arbeitsstückes an diesem die theoretisch richtigen Zahnkurven ausgearbeitet. Weil nun die erforderliche gegenseitige Bewegung von Werkzeug und Werkstück einem Wälzen der Teilrisse aufeinander entspricht, nennt man dieses Verfahren das „Wälzverfahren“. Nun ist dieses durchaus nicht jung, denn bereits in den fünfziger Jahren des vorigen Jahrhunderts wurden die ersten Versuche in England gemacht, Stirnräder mit dem schneckenförmigen Fräser herzustellen. Die Versuche scheiterten jedoch an der Schwierigkeit der Anfertigung des komplizierten Werkzeuges. Erst durch die Erfindung der Hinterdrehbank wurde die Fabrikation der schneckenförmigen Fräser werkstattstechnisch ermöglicht, ein Verdienst, das bekanntlich der Firma J. E. Reinecker, Chemnitz gebührt.

Bei der Bearbeitung der Kegelräder hat das Wälzverfahren zur Ausbildung hervorragender Maschinenarten geführt, von denen die Bilgram-Maschine (Reinecker, Chemnitz), die Warren-Maschine (L. Loewe, Berlin) und die Gleason-Maschine (Gleason Works, Rochester, U. S. A.) im folgenden näher untersucht werden sollen.

Die Forderungen an die Zahnräder sind so außerordentlich verschieden, daß wohl jedem der beiden Hauptverfahren ein bleibender Anteil an der zu erfüllenden Aufgabe sicher ist. Die vorliegende Abhandlung soll durch objektive Erwägungen deren theoretische und werkstattstechnische Vor- und Nachteile in Vergleich stellen unter besonderer Aufdeckung der Fehlerquellen.

Zunächst werde die Bearbeitung der Stirnräder beschrieben, und zwar

    1. die Herstellung der Schablone bzw. des Werkzeugs für das Formverfahren,

    2. die Herstellung des Werkzeugs für das Wälzverfahren,

    3. die Verwendung des Werkzeugs in der Maschine,

    4. die Mittel zur Vervollkommnung des Wälzverfahrens d. h. zur Beseitigung seiner Fehler.

Daran anschließend wird die Bearbeitung der Kegelräder mit gleicher Einteilung, also

    1. das Fräsen mit dem Formfräser,

    2. das Hobeln nach Schablone,

    3. die Bearbeitung nach dem Wälzverfahren

dargestellt werden.

Die Abweichungen der erzeugten Zahnflanken von den theoretischen Formen bzw. die Vor- und Nachteile der Verfahren sollen stets da aufgedeckt und besprochen werden, wo sie bei der fortschreitenden Darstellung auftreten.

Die theoretischen Grundlagen der Verzahnung sind als bekannt vorausgesetzt; sie werden nur da, wo sie zum unzweideutigen Verständnis nötig sind, angeführt werden.

———

Die Herstellung der Stirnräder.

Allgemeines über das Formverfahren.

Die maschinelle Bearbeitung der Zahnflanken stößt deshalb auf Schwierigkeiten, weil sich die veränderliche Krümmung der Zahnkurven in der Werkstatt nicht ohne besondere Hilfsmittel mit der erforderlichen Genauigkeit ausführen und kontrollieren läßt. Die Genauigkeitsgrenze für die Zahnflanken ist aber außerordentlich eng gezogen, sobald die Räder mit Umfangsgeschwindigkeiten über 5 bis 6 m pro Sekunde geräuschlos laufen sollen. Denn selbst recht, kleine Abweichungen von der theoretischen Form führen, wie Hartmann (Z. d. Ver. deutsch. Ing. 1905. S. 167) zeigte, zu beträchtlichen Bewegungsunterschieden, (Beschleunigungen und Verzögerungen) praktisch zum Vibrieren der Räder und zu lärmendem Geräusch.

Man hat sich lange darüber gestritten, ob Zykloide oder Evolvente als Zahnkurve für die praktische Ausführung am vorteilhaftesten sei; schließlich aber, mit wenigen Ausnahmen, für die Evolvente entschieden, in erster Linie weil diese auch dann noch richtigen Zahneingriff ergibt, wenn die Radmittenentfernung nicht ganz richtig ist. Die Genauigkeit, mit der in der Werkstatt Achsenentfernungen hergestellt werden, beträgt ungefähr 0,05 mm (Ablesung am Nonius der Schublehre), weshalb die erwähnte Eigenschaft der Evolvente, nämlich dann auch noch richtigen Eingriff zu haben, von großem Vorteil ist.

Bisher hat man jedoch versäumt, die Evolvente so zu verwenden, wie es dem Verzahnungsgesetz entspricht. Es ist gebräuchlich, die Evolvente von einem Kreise abzuwickeln, dessen Radius gleich dem Radius des Teilkreises multipliziert mit sin 75° ist, so daß alsdann die Eingriffslinie unter 75° gegen die Radmittellinie geneigt ist; die Kopfhöhe wird zu 1 × Modul, die Fußhöhe zu 1,16 × Modul angenommen. Läuft nun ein mit der nach diesen Verhältnissen entwickelten Zahnkurve ausgestattetes Rad mit weniger als 32 Zähnen mit einem Rade größerer Zähnezahl, so dringt die Kopfkante des letzteren in die Fußflanke des ersteren ein, sie erzeugt den sog. Unterschnitt. In Fig. 5 ist zu sehen, wie stark die Zahnstange die Zähne eines zwölfzähnigen Ritzels unterscheidet. Dies hat für das Zusammenlaufen der Räder erhebliche Mängel; die Berührung der Flanke mit der Kopfkante des eingreifenden Zahnes verursacht eine höchst ungünstige Abnutzung, Eingriffsstrecke und Eingriffsdauer werden stark verkürzt und der Zahnfuß des kleinen Rades geschwächt.

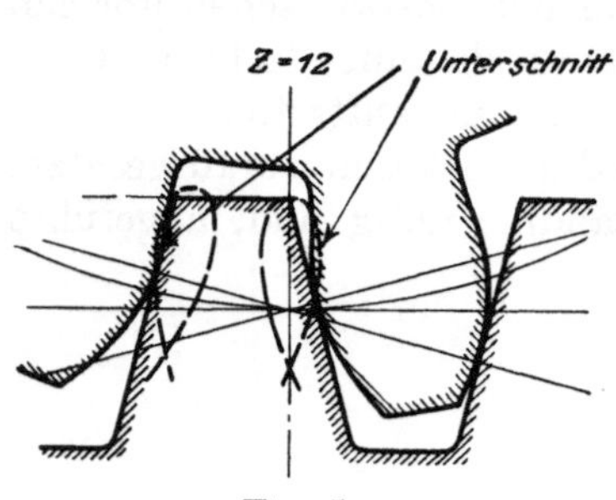

Fig. 5.

Der unvermeidliche Unterschnitt der Evolventenzähne bei Rädern geringer Zähnezahl bei 15° Neigung der Eingriffslinie bringt noch einen anderen Nachteil mit sich; er macht die Anwendung des Formverfahrens (Zahnformfräser) unmöglich, weil der rotierende Fräser natürlich Punkte unter a (Fig. 6) nicht fräsen kann.

Seit kurzer Zeit ist deshalb in Amerika das Bestreben entstanden, bei der Benutzung der Evolvente als Zahnkurve eine andere Neigung der Eingriffslinie (nämlich 20°) zugrunde zu legen; leider hat in Deutschland dies Bestreben bisher keine Anhänger gefunden.

Auf andere Weise kann man diesem Übelstand beseitigen, in-

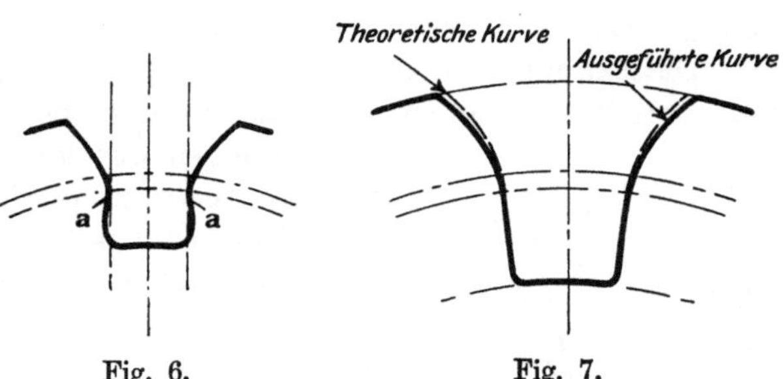

Fig. 6.   Fig. 7.

dem man die Kopfflanken der Räder mit mehr als 32 Zähnen einschließlich der Zahnstange nicht nach der theoretischen Kurve ausbildet, sondern so verlegt (Fig. 7), daß sie keinen Unterschnitt am 12 zähnigen Ritzel erzeugen können. Man darf aber nicht vergessen, daß die so erhaltenen Zahnkurven keine Evolventen sind, sondern daß die Zahnformen für Satzräder durch Probieren gesucht werden müssen. Wenn sie auch vielen Ansprüchen genügen, so lehrt die Erfahrung doch, daß eine Verbesserung möglich und nötig ist. Besonders sei darauf aufmerksam gemacht, daß eine Änderung der Radmittenentfernung ohne Störung des Eingriffs nicht angängig ist.

Der Zahnformfräser und seine Herstellung.

Sollen die Räder hohen Ansprüchen auf ruhigen Lauf bei großer Geschwindigkeit genügen, so stattet man die Fräser mit den genauen Zahnkurven aus. Dies macht jedoch das Verfahren außerordentlich teuer, denn es ist dann für jede Zähnezahl einer Teilung ein besonderer Fräser erforderlich (da sich die Form der Evolvente mit dem Durchmesser und der Zähnezahl ändert). Die Werkstätten suchen mit einer beschränkten Anzahl von Fräsern auszukommen und verwenden in der Regel einen Satz von 8 oder von 15 Fräsern, die von den Werkzeugfabriken auf Lager gehalten werden. In den folgenden Tabellen sind diese Fräsersätze

8 teiliger Fräsersatz	15 teiliger Fräsersatz	
L. Loewe & Co., Berlin. J. E. Reinecker, Chemnitz. Brown & Sharpe, Providence, U. S. A.	L. Loewe & Co., Berlin. Brown & Sharpe, Providence, U. S. A.	J. E. Reinecker, Chemnitz.
$12 \div (13)$	12	12
$14 \div (16)$	13	13
$17 \div (20)$	14	14
$21 \div (25)$	$15 \div (16)$	$15 \div (16)$
$26 \div (34)$	$17 \div (18)$	$17 \div (18)$
$35 \div (54)$	$19 \div (20)$	$19 \div (20)$
$55 \div (134)$	$21 \div (22)$	$21 \div (24)$
$135 \div \infty$	$23 \div (25)$	$25 \div (28)$
	$26 \div (29)$	$29 \div (33)$
	$30 \div (34)$	$34 \div (41)$
	$35 \div (41)$	$42 \div (52)$
	$42 \div (54)$	$53 \div (80)$
	$55 \div (79)$	$81 \div (134)$
	$80 \div (134)$	$135 \div \infty$
	$135 \div \infty$	∞

angeführt, wie sie von den ersten Werkzeugfirmen hergestellt werden, und zwar bedeutet die erste Zahl die Zähnezahl, für die der Fräser mit der richtigen Zahnkurve ausgebildet ist, die eingeklammerte Zahl die höchste Zähnezahl, die mit dem Fräser noch bearbeitet werden darf.

Die Zahnkurven, nach denen man die einzelnen Fräser ausbildet, wählt man am vorteilhaftesten so, daß die größten bei den einzelnen Sätzen auftretenden

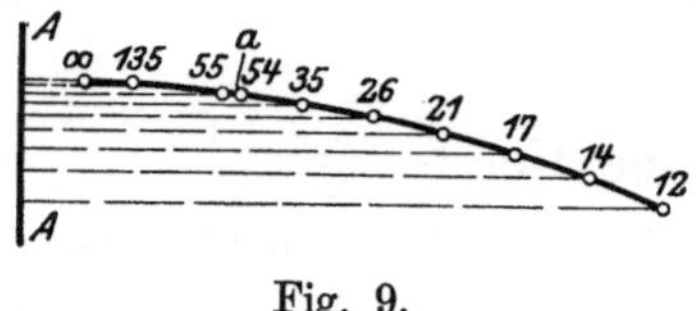

Abweichungen der mit falscher Zahnform gefrästen Zähne von der theoretisch richtigen Form untereinander gleich sind. Die Wahl kann auf folgende Weise getroffen werden. Man legt alle Fräserformen (= Zahnlücken) so übereinander, daß sich die Kopfkreise berühren und die Teilkreispunkte um $^1/_4$ Teilung oder die halbe Zahnstärke von der Symmetrielinie entfernt sind (Fig. 8), dann liegen die Endpunkte der Zahnkurven auf einer Linie, wie sie in Fig. 9 und Fig. 10 dargestellt ist. (Linie AA ist der Symmetrielinie SS (Fig. 8) parallel). In Fig. 9 sind die Punkte eingetragen, die den Fräsern des 8teiligen Satzes entsprechen, die Entfernung der Punkte voneinander gibt die größte Abweichung an, die bei der Benutzung eines Fräsers auftreten kann. Soll z. B. ein Rad mit 54 Zähnen gefräst werden, so muß dies mit dem Fräser für 35 Zähne geschehen;

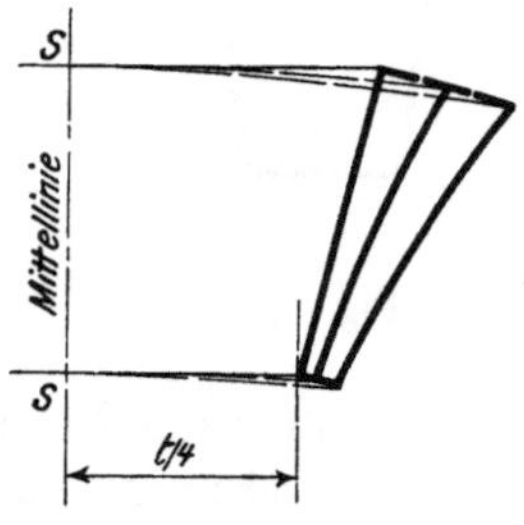

Fig. 8.

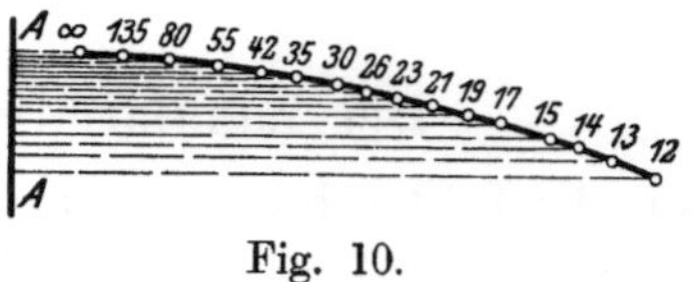

Fig. 9.

Fig. 10.

die Zahnkurve für 54 Zähne würde bei a enden. Dann ist also die Entfernung $35 \div a$ der erzeugte Fehler, im vorliegenden Falle 0,9 mm bei Mod. 10. Man sieht aus Fig. 9, daß die Intervalle gleichmäßig groß gehalten sind; dasselbe gilt auch mit genügender Genauigkeit für den in Fig. 10 dargestellten 15 teiligen Satz.

Die in Fig. 9 und Fig. 10 aufgetragenen Punkte wurden durch Rechung gefunden und in sehr großem Maßstabe aufgetragen. Es ist in Fig. 11 Punkt A der gesuchte Punkt der Kurve, dessen Verbindungslinie zum Kreismittelpunkt mit der Symmetrielinie den $\angle y$ bildet. Nun ist in Bogenmaß am Teilkreis gemessen

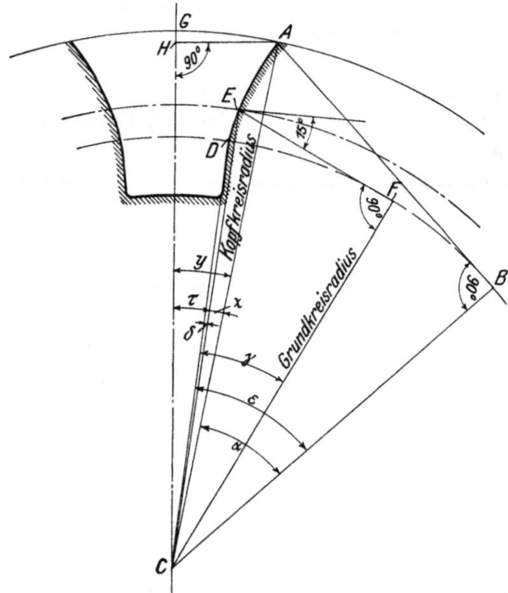

Fig. 11.

$$\angle GCE = \tau \text{ (entspricht } \tfrac{1}{4} \text{ Teilung,}$$
$$\text{wenn die Zahnstärke } = \tfrac{1}{2} \text{ t)}$$

$$\angle ECA = x$$
$$= \angle DCB - \angle ACB - \angle DCE$$
$$x = \varepsilon - \alpha - \delta$$

Aus der Entstehung der Evolvente folgt, daß Linie AB gleich dem Bogen BD ist.

Nun ist $\qquad AB = CB \cdot \operatorname{tg} \alpha$

Ferner   Bogen $BD = \dfrac{\varepsilon \cdot \pi}{180} \cdot CB$

also wird
$$\sphericalangle\,\varepsilon = \frac{180}{\pi}\cdot \operatorname{tg}\alpha$$

und dem ganz entsprechend folgt $\sphericalangle\,\gamma = \dfrac{180}{\pi}\cdot \operatorname{tg} 15^{0}$.

Weiterhin ist
$$\cos\alpha = \frac{\text{Grundkreisradius}}{\text{Kopfkreisradius}}$$

$$\sphericalangle\,\delta = \sphericalangle\,\gamma - 15^{0}$$

Somit wird
$$\sphericalangle\,y = \tau + x = \tau + \frac{180}{\pi}\cdot \operatorname{tg}\alpha - \alpha - \frac{180}{\pi}\cdot \operatorname{tg} 15 + 15^{0}.$$

Die senkrechte Entfernung des Punktes A von der Symmetrielinie GC berechnet sich dann aus $AH = \text{Kopfkreisradius} \times \sin y$.

Um dem Scheibenfräser das Zahnlückenprofil geben zu können, sind verschiedene Vorarbeiten nötig, und zwar die Anfertigung einer Zeichnung, einer Schablone und eines Drehstahles. Das Hauptgewicht ist auf die Herstellung der Schablone (Form) zu legen, denn von deren Genauigkeit sind die in großer Anzahl kopierten Drehstähle und damit die Fräser abhängig.

Die Anfertigung einer genauen Zeichnung der theoretischen Zahnform bietet zunächst keinerlei Schwierigkeit, denn die geometrische Entstehung der Evolvente durch Abwicklung eines Kreises gestattet die punktweise Ermittlung der Kurve. Nur muß man berücksichtigen, daß die Genauigkeit des Zeichnens sehr gering ist und deshalb stets eine Kontrolle durch Rechnung erfahren muß. Aber auch dann wird eine größere Genauigkeit als 0,1 mm nicht zu erreichen sein, so daß bei der gebräuchlichen Vergrößerung der Zahnkurve auf das Zehnfache der natürlichen Größe der wirkliche Fehler immerhin ungefähr 0,01 mm ausmachen kann. Die auf ein Blech aufgezeichnete Kurve wird von Hand ausgefeilt. Natürlich ist bei der Kleinheit der Kurven und bei der selbst bei größter Geschicklichkeit unbestimmten Bewegung der Hand auf eine absolute Übereinstimmung von Zeichnung und Schablone nicht zu rechnen, so daß also weiterere Ungenauigkeiten in die Lehre übergehen. Von der Schablone wird dann mittels Pantographen, Fig. 12[1]), der einen Storchschnabel-Mechanismus darstellt, der Rapporteur (Gegenlehre) sowie der Drehstahl in der richtigen Abmessung aus entsprechendem Material

Fig. 12. Pantograph.

---

[1]) American Machinist.

durch Fräser von kleinem Durchmesser ausgefräst. Selbstverständlich werden auf beide die Fehler der Schablone, allerdings in entsprechender Verkleinerung (ungefähr 1:10), übertragen. Andere Fabriken verkleinern die Zeichnung durch Photographie und übertragen die Aufnahme ebenfalls photographisch auf das Material für Rapporteur und Drehstahl, die dann von Hand ausgefeilt werden.

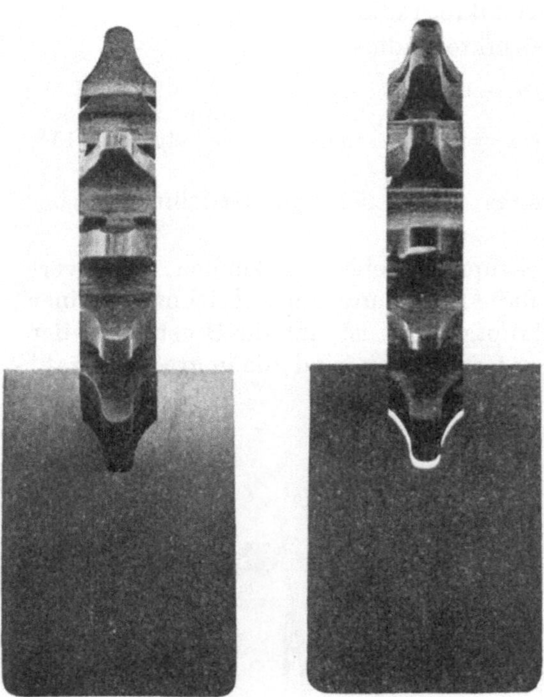

Fig. 13. Fräser in selbstgefräster Lehre.

Fig. 14. Fräser umgekehrt in die Lehre gesteckt.

Es ist aber einmal die Photographie durch Einstellungsfehler, Verziehen der Gelatine usw. ungenau, zum andern lassen sich auch die verkleinerten Kurven weit schwieriger von Hand bearbeiten, so daß dies Verfahren nicht zu empfehlen ist.

Der Drehstahl dient zum Hinterdrehen der vorgearbeiteten Fräserscheibe. Dieses Fertigdrehen ist eine sehr schwierige Operation, da die geringste Ungenauigkeit bei der Einstellung des Stahles außerordentlich schwerwiegende Fehler hervorbringt. Fällt nämlich die Mittellinie des Stahlprofils nicht in eine zur Fräserachse senkrechte Ebene, so entsteht eine Profilverzerrung wie in Fig. 13 und 14[1]), wodurch einseitig hängende Zähne und schlecht laufende Räder erzeugt werden.

Es wird meist die Forderung gestellt, daß die Hinterdrehkurve, damit beim Nachschleifen das Schnittprofil erhalten bleibt, eine logarithmische Spirale sei. Dies ist jedoch nur dann nötig, wenn man verlangt, daß trotz des Nachschleifens auch immer dieselben Anstell- bzw. Schnittwinkel erhalten bleiben. Nun wäre es aber werkstattstechnisch sehr schwierig, eine Hinterdrehschablone herzustellen, die eine logarithmische Spirale erzeugt, ungleich einfacher ist es, die Kurve für die Hinterdrehschablone auf der Drehbank als Teil eines Schneckenganges zu bearbeiten.

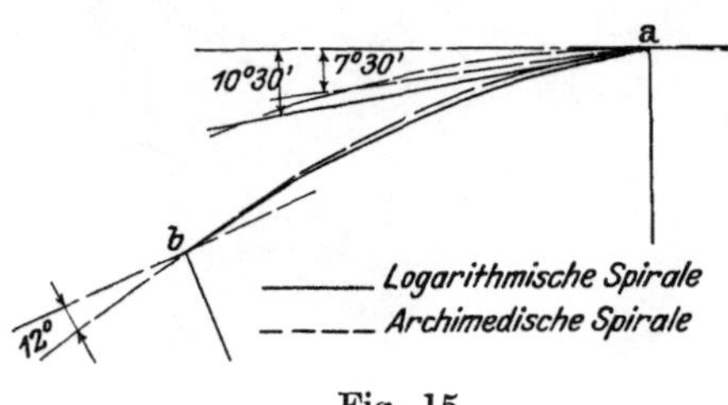

Fig. 15.

Man erhält dann eine archimedische Spirale. Die Abweichungen von der logarithmischen Spirale sind gering, Fig. 15, sie spielen nur insofern eine Rolle, als die Anstellwinkel auf der Länge des Zahnrückens verschieden sind. Zu beachten ist, daß das Schnittprofil unverändert bleibt, weil der Hinterdrehstahl immer in einer radialen Ebene bleibt und das Schleifen in dieser Ebene vorgenommen wird. In der Figur ist angenommen, daß der Anstellwinkel 10° 30' ist; ersetzt man diese logarithmische Spirale durch eine archimedische, die durch den gleichen Anfangspunkt a sowie durch den gleichen Endpunkt b des Zahnrückens geht, so wird der Anstellwinkel bei a 7° 30', er vergrößert sich beim Nachschleifen stetig bis zu Punkt b auf 12°. Natürlich ließe sich auch eine archimedische Spirale benutzen, die im Anfang einen größeren Anstellwinkel ergibt.

[1]) Lasche, Zahnräder, Z. d. Ver. deutsch. Ing. 1899.

Ist der Fräser hinterdreht, so muß er gehärtet und somit einem Prozeß unterworfen werden, der von der Geschicklichkeit des Arbeiters, von der Beschaffenheit des Materials und außerdem erfahrungsgemäß noch von so viel Zufälligkeiten abhängt, daß sich über die zu erreichende Genauigkeit gar nichts aussagen läßt. Vor allen Dingen muß daher eine Untersuchung stattfinden, ob sich die Zähne merklich verzogen haben, weil sonst verzerrte Profile erzeugt werden wie in Fig. 14. Da sich die Untersuchung jedoch nur auf das Anfangs-Schnittprofil erstrecken kann, so treten beim nachgeschliffenen Fräser doch häufig noch ähnliche Verwerfungen zutage. Ein solcher Fräserzahn zieht dann beim Schneiden das Arbeitsstück mit samt dem Teilapparat infolge des unvermeidlichen Spiels im letzteren hin und her und erzeugt einseitig hängende Zähne am Rad. Wünschenswert wäre eine Justierung der Fräser nach dem Härten durch Hinterschleifen des Profils. Dies wäre leicht ausführbar, wenn man eine kleine Schleifscheibe ähnlich wie den Fräser im Pantographen an einer vergrößerten Lehre entlang führt und den Zahnformfräser wie bei der Hinterdrehung bewegt, ihn also dreht und gleichzeitig radial verschiebt. Nur ist das Verfahren nicht fehlerfrei; ebensowenig wie das oben beschriebene Ausfräsen der Lehre im Pantographen.

Bekanntlich ist für jeden Punkt der Evolvente der Krümmungsradius gleich der Länge des vom Kreis abgewickelten Bogens. Für den Anfangspunkt der Evolvente (Spitze) ist er gleich Null, d. h. für diesen Punkt müßte auch der

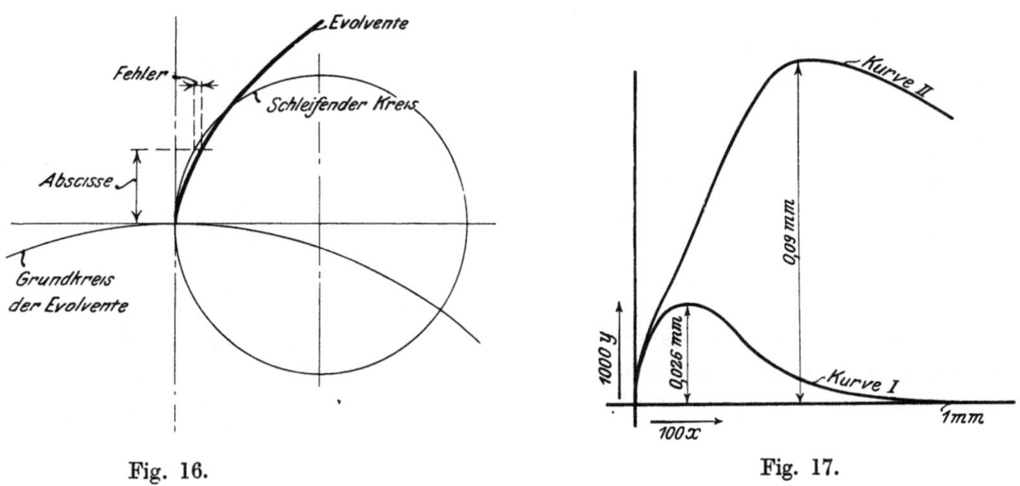

Fig. 16.   Fig. 17.

Krümmungsradius Null sein. Da man jedoch den Fräserdurchmesser beim Ausfräsen größerer Schablonen nicht unter 5 mm annehmen kann, so schneidet er wie in Fig. 16 in die Evolvente ein. Soll z. B. eine Lehre bzw. Gegenlehre für 12 Zähne Modul 20 im Maßstab 5:1 mit einem Fräser von 5 mm ϕ ausgefräßt werden, so entstehen im Abstand von der Spitze die in Fig. 17 Kurve I als Ordinaten aufgetragenen Fehler; die Abstände von der Spitze sind als Abszissen benutzt. Als Fehler sind die Unterschiede der Ordinaten von Evolvente und Kreis benutzt, Fig. 16. Die Fehler werden von dem Punkt der

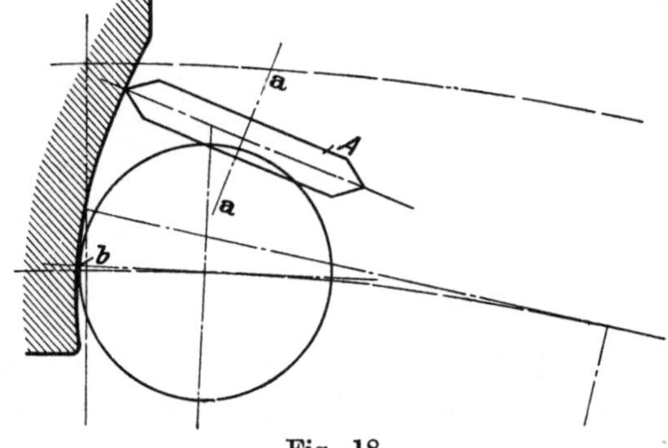

Fig. 18.

Evolvente an Null, für den der Krümmungsradius gleich dem halben Fräserdurchmesser ist. Ist letzterer so klein wie im Beispiel, so wird dies sehr bald er-

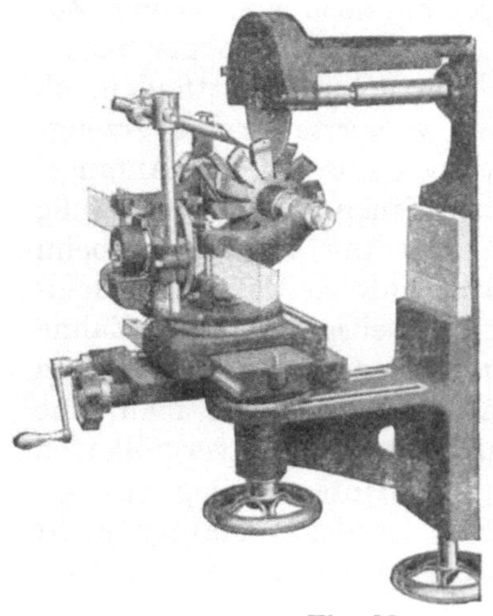

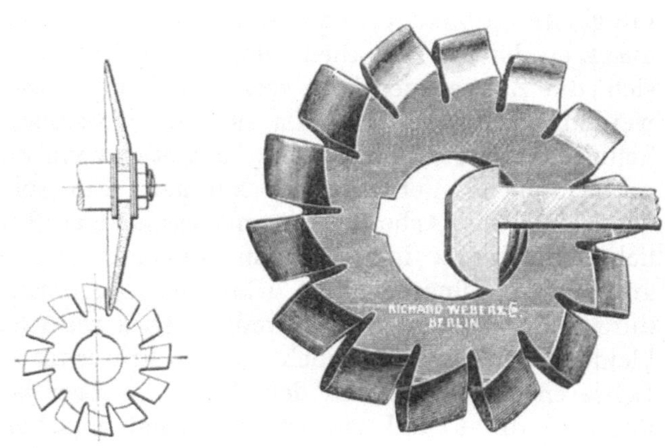

Fig. 19.   Fig. 20.

reicht. Die Schleifscheibe könnte man allerdings nicht so klein wie den Fräser
wählen, jedenfalls nicht unter 10 mm ϕ; die dann entstehenden Abweichungen
werden erheblich größer wie
Kurve II Fig. 17 zeigt. Wollte
man genau verfahren, so müßte
man eine Schleifscheibe vom
Krümmungsradius Null benutzen,
die also eine scharfe Schneide
hat, wie die um die Achse aa
rotierende Scheibe A (Fig. 18).
Dies ist wegen der rasch eintre-
tenden Abnutzung nicht möglich.
Man muß die Scheibe wie in
Punkt b (Fig. 18) berühren lassen
und die Fehler in Kauf nehmen.
Es ist nicht zu vergessen, daß für

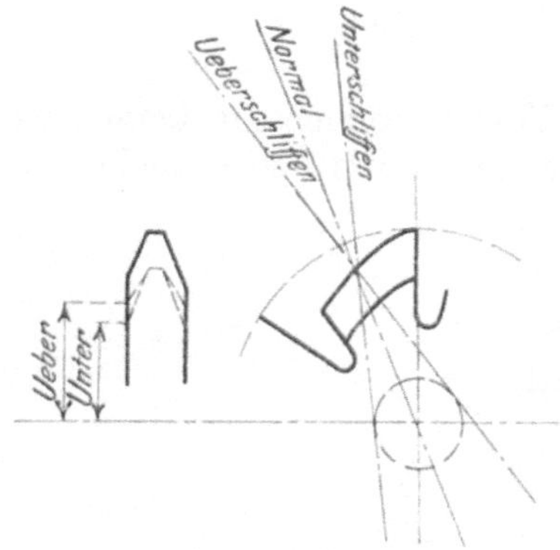

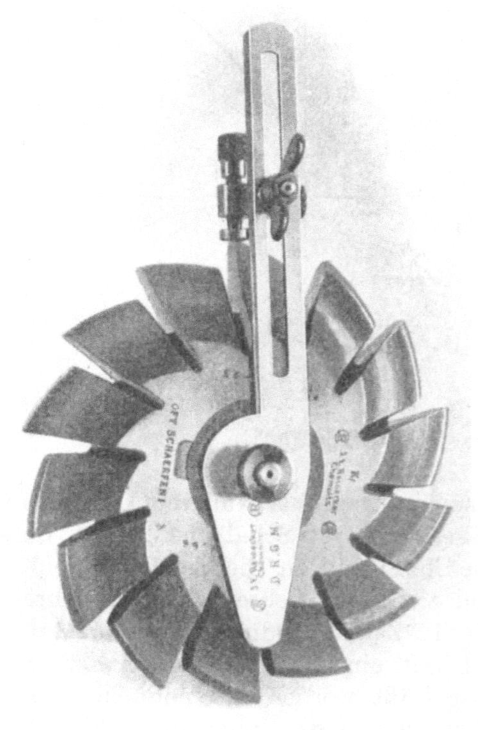

Fig. 21.   Fig. 22.

größere Zähnezahlen wie im Beispiel die Abweichungen kleiner werden, da die Evolventen für diese nicht so stark gekrümmt sind, der Kreis also nicht so tief ein-
schneidet.

Die Forderung, die beim Hinterdrehen gestellt wurde, daß nämlich der Drehstahl in einer zur Fräserachse radialen Ebene liegen soll, muß auch von der schleifenden Kante der Schleifscheibe (Fig. 19[1]) beim Nachschleifen der Zahnbrust erfüllt werden. Aber selbst in speziell für das Schärfen der Zahnformfräser entworfenen Maschinen ist dies nicht erreichbar, weil man zur Prüfung der Richtigkeit nur eine Lehre, wie sie Fig. 20[2]) zeigt, benutzt, die anzeigt, ob die Zahnbrust radial verläuft. Ein genauer Vergleich der radialen Lehre mit der sich von ihr entfernenden Zahnkurve ist kaum möglich. Es sind deshalb die Fräser gewöhnlich unter- oder überschliffen (Fig. 21) wodurch am Zahnfuß, bzw. am Zahnkopf starke Kurvenänderungen auftreten, weil Profilpunkte zum Schnitt kommen, die einer anderen Lage der Brustfläche angehören. Etwas besseren Anhalt über die Genauigkeit des Schliffs gibt die in Fig. 22[3]) dargestellte Lehre, mit der man außerdem noch prüfen kann, ob alle Zähne denselben größten Durchmesser haben, d. h. gleichmäßig viel nachgeschliffen sind.

Die Bearbeitung der Stirnräder nach dem Wälzverfahren.

Das Formverfahren erfordert, sobald nur einigermaßen genaue Zahnkurven erstrebt werden, eine große Anzahl von Werkzeugen, ist daher teuer und läßt (infolge der schwierigen Herstellung der Zahnform) nur eine beschränkte Genauigkeit erwarten, denn die festgestellten Fehler sind unvermeidlich mit den angewandten Arbeitsprozessen verbunden. Es mußte daher eine Methode, die versprach, mit einem einzigen Werkzeug alle Zahnkurven einer Zahngröße theoretisch richtig zu erzeugen, sichere Aussicht auf praktischen Erfolg haben. Eine solche Methode schien im Wälzverfahren gegeben.

Auch beim Wälzverfahren liegt die Schwierigkeit in der genauen Herstellung des Werkzeugs, während die Benutzung desselben in der Maschine nur einfache Bewegungen bedingt, die in einem Abwälzen der Teilrißflächen von Arbeitsstück und Werkzeug aufeinander, also in reinen Drehungen bestehen.

Als Werkzeug läßt sich natürlich jedes Rad von beliebiger Zähnezahl gebrauchen, wenn seine Zahnform nur den Verzahnungsgesetzen genügt. Weil nun alle von diesem einen Werkzeug bearbeiteten Räder einer Modulgröße untereinander in richtigem Eingriff laufen sollen, d. h. weil die Räder Satzradeigenschaft besitzen müssen, so muß die Zahnkurve des Werkzeugs zu einer Zahnstangenform gehören, deren Kurvenäste ober- und unterhalb des Teilrisses (Fig. 23) symmetrisch zur Senkrechten im Teilrißpunkt A liegen. Auch hier bietet der Gebrauch der Evolvente als Zahnkurve, die für die Zahnstange eine Gerade wird, außerordentliche Vorteile.

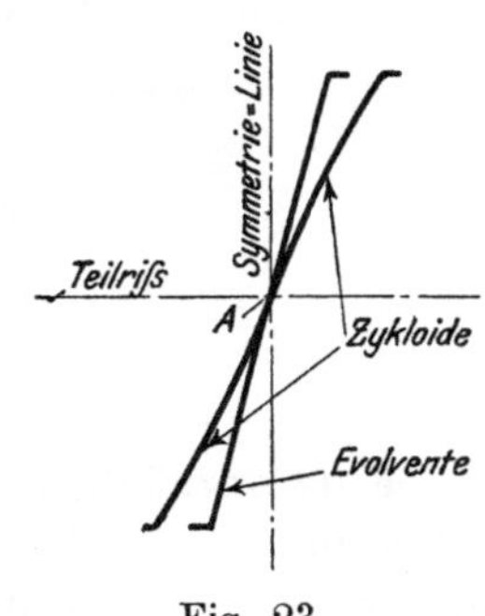

Fig. 23.

Am einfachsten ist die Benutzung der Zahnstange selbst als Werkzeug, insofern sich eine Gerade ohne Schwierigkeit genau herstellen läßt. Umständlich jedoch ist die Ausführung der Zahnstangenbewegung. Hat nämlich das Werkzeug (etwa ein Hobelstahl), Fig. 24, einen Radzahn bearbeitet, so müßte es in seine

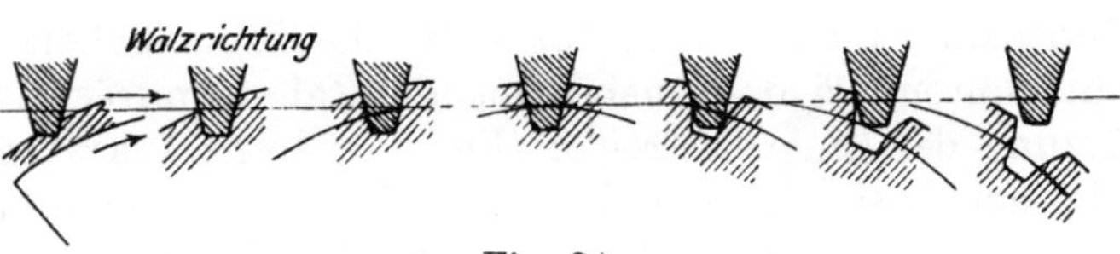

Fig. 24.

[1]) Katalog, L. Loewe & Co., Berlin.
[2]) Katalog, Rich. Weber & Co., Berlin.
[3]) Katalog, J. E. Reinecker, Chemnitz.

Anfangslage nach links zurückgebracht werden, während das Arbeitsstück um
eine Zahnteilung weitergedreht wird. Dies war in der Stirnrad-Fräsmaschine
von Warner & Swasey durchgeführt. Das
aus 6 Scheibenfräsern bestehende Werkzeug
(Fig. 25), war in zwei Teile geteilt, von
denen sich jeder für sich auf zwei Stangen
verschieben ließ. Während sich nun dieser
zusammengesetzte Fräser sowie das Arbeitsstück stetig drehten, wurde die Fräserhälfte,
die sich gerade im Eingriff mit dem Arbeitsstück befand, axial in Richtung der Drehung des letzteren verschoben (vgl. Fig. 26).

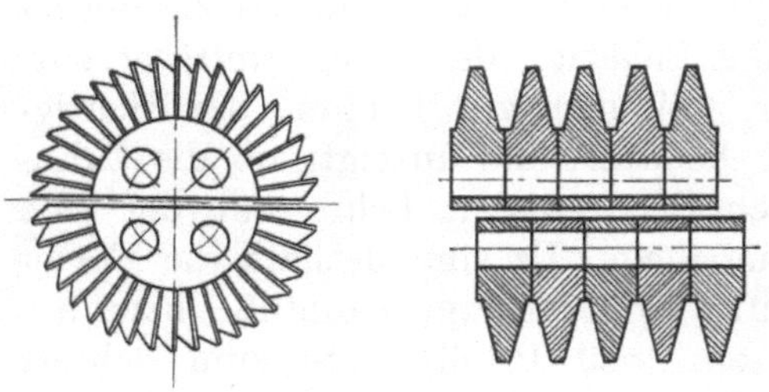

Fig. 25.

Hatte die Fräserhälfte die größte in der
Maschine mögliche Verschiebung erreicht, und war sie außer Eingriff mit dem
Rade, so wurde sie in ihre Anfangslage zurückgeschoben. Zum axialen Verschieben der Fräserhälften brauchte man nur einen Teil einer Schraubenfläche,
weil Drehung und Verschiebung konstant und gleichzeitig erfolgten. Die Konstruktion der Maschine war also verhältnismäßig einfach, dafür machte jedoch
die Herstellung des zusammengesetzten Fräsers um so mehr Schwierigkeiten, woran
auch der Erfolg dieser Maschine scheiterte.

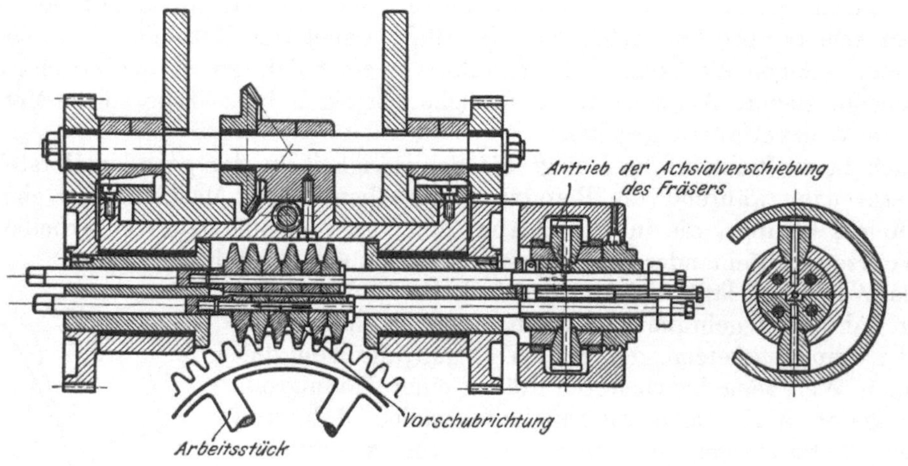

Fig. 26.

Eine vorzügliche Durchbildung des Wälzverfahrens ist in der Stirnrad-Stoßmaschine von Fellows (Fig. 27) gegeben. Als Werkzeug wird in dieser ein Rad
mit 24 Zähnen benutzt, so daß die Bewegungen, außer der Stoßbewegung des
Werkzeugs nur Drehungen sind. Um zu vermeiden, daß die Räder mit weniger
als 24 Zähnen vom Werkzeug unterschnitten werden (vgl. S. 4), wird nicht die
gebräuchliche Evolvente mit 15 Grad, sondern mit 20 Grad Neigung der Erzeugenden angewandt, wobei das größte von der Zahnstange unterschnittene Rad die
Zähnezahl 14 hat. Dies tut z. B. die Firma Sellers Co., Philadelphia, schon seit
Jahrzehnten bei der Ausbildung der Zahnformfräser. Die damit verbundene Verkürzung der Eingriffsstrecke (Fig. 28), spielt längst nicht die Rolle wie die Nachteile der beschriebenen Kurvenänderung am Zahnkopf, die zur Vermeidung des
Unterschnittes bei 15 Grad Neigung der Erzeugenden nötig ist. Die Erzeugung der
Zahnkurven im Fellows Gear Shaper erklärt sich ohne weiteres aus Fig. 29, wenn
man sich vergegenwärtigt, daß das Arbeitsstück A und das Werkzeug B um ihre
Achsen mit gleicher Umfangsgeschwindigkeit am Teilkreis gedreht werden und

das Werkzeug in Richtung seiner Achse hin- und herbewegt wird, so daß also
stets eine ganze Breitenlinie eines Zahnes erzeugt wird.   Der Vorschub wird nach

Fig. 27. Fellows Stirnrad-Stoßmaschine.

Beendigung eines jeden Schnittes vollzogen.   Um zu verhindern, daß das Stoßrad
bei seinem Rückgang an der bearbeiteten Flanke schleift und dadurch diese sowie
seine eigene Schneide beschädigt, wird es während des Rückzugs in der Ebene
der beiden Radachsen vom Rad A weg bewegt und außerdem in eine Ebene bb
geschwenkt.

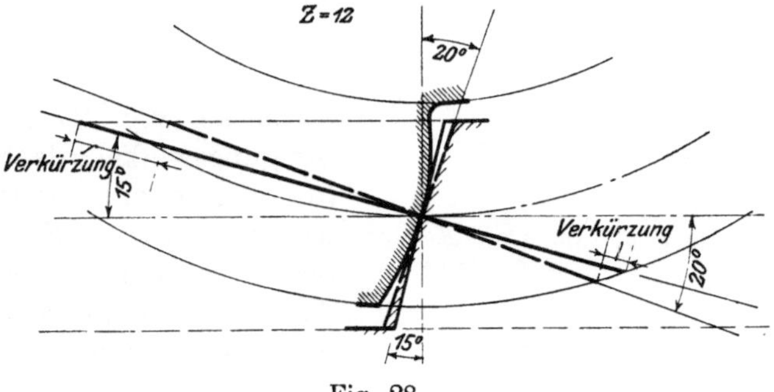

Fig. 28.

Da nun die Schneide des Werkzeugs selbst eine Kurve ist wie bei dem Formfräser, so ist das Hauptgewicht auf die Bearbeitung derselben zu legen.   Dem
Stoßrad wird, nachdem es auf seine Form vorgearbeitet und gehärtet ist, die
richtige Flankengestalt auf einer besonderen Schleifmaschine gegeben.   Das Prinzip dieser Maschine ist durch Fig. 30 erläutert; es ist ebenfalls eine Anwendung
des Wälzverfahrens.   Statt den Teilkreis des Werkzeugs um seinen Mittelpunkt

zu drehen und dabei gleichzeitig die Zahnstange in Richtung ihrer Teillinie zu verschieben, d. h. das wirkliche Kämmen zweier Räder nachzuahmen, hält man hier die Zahnstange fest und rollt den Teilkreis des Rades auf ihr. Diese Relativbewegung des Rades zur Zahnstange wird durch ein Bilgramsches Band also in sehr vollkommener Weise bewirkt. Die schleifende Fläche der Schmirgelscheibe ist ohne Schwierigkeit in der genauen ebenen Gestalt zu erhalten. Um den Zähnen des Stoßrades einen Anstellwinkel zu geben, ihre theoretische Flankenform aber beim Nachschliff der Brustfläche nicht zu zerstören, werden ihre Flanken nach einer Schraubenfläche von sehr hoher Steigung hinterschliffen, so daß sich Anfang und Ende der kurzen Zähne nur wenig voneinander unterscheiden. Damit das Arbeitsstück, das mit einem weit abge-

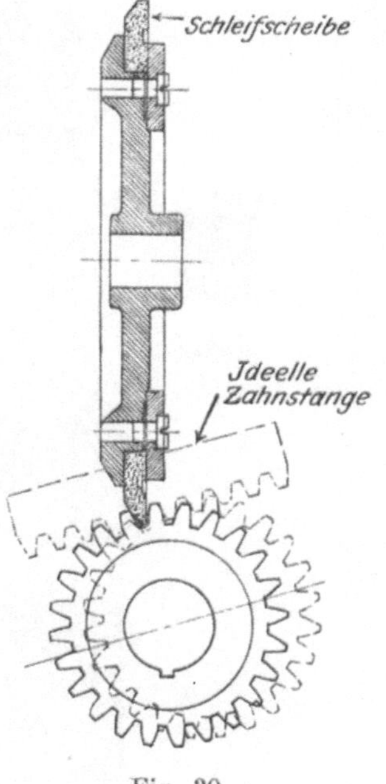

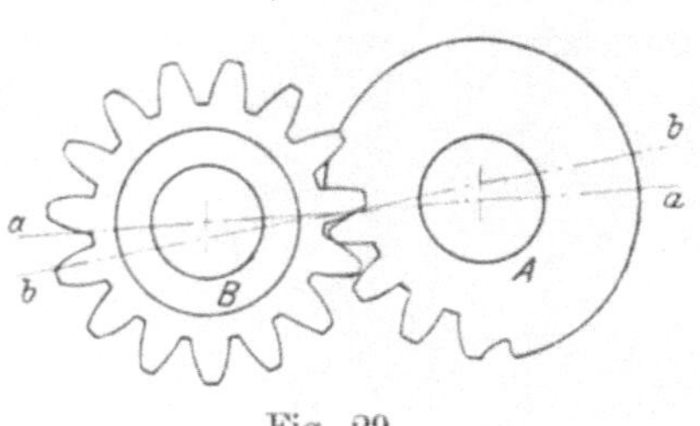

Fig. 29.

Fig. 30.

schliffenen Stoßrad bearbeitet wird, doch die richtige Zahnstärke erhält, braucht man nur die Achsen der Räder einander zu nähern, ohne Gefahr zu laufen, falsche Zahnkurven zu erzeugen.

Der schneckenförmige Stirnradfräser.

Die älteste Anwendung hat das Wälzverfahren im schneckenförmigen Stirnradfräser gefunden. Die Verwendbarkeit einer Schnecke zur Bearbeitung von Stirnrädern ist darin begründet, daß ihre Gangprofile das Zahnstangenprofil tragen können und ihre rotierende Bewegung einer bloßen Axialverschiebung eines Schneckenganges gleichkommt. Stellt man nämlich die Achse AA einer Schnecke (Fig. 31) um den mittleren Steigungswinkel a des Schneckenganges (die Bezeichnung mittlerer Steigungswinkel, mittlere Schraubenlinie usw. bezieht sich im folgenden immer auf die Teilriß-Schraubenlinie der Seitenflanke eines Schneckenganges) schräg gegen die Radebene CC, so kann die Schnecke in ein gewöhnliches Stirnrad eingreifen. Gibt man demnach dem Profil einer Schnecke die Form

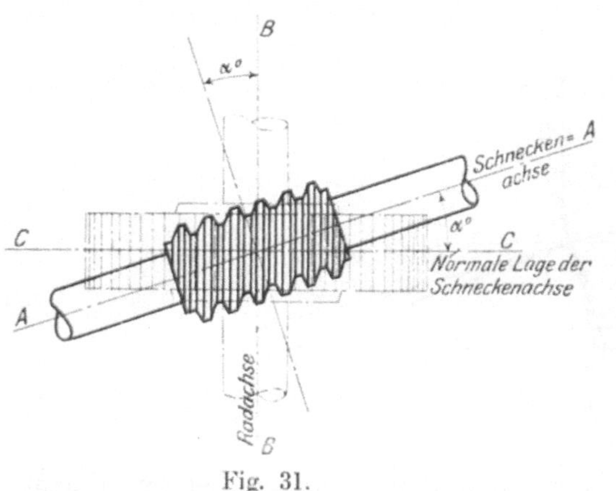

Fig. 31.

der Zahnstangenkurve (z. B. trapezförmigen Querschnitt bei Evolventenverzahnung) und bildet den Schneckengang zu Schneidezähnen aus, so werden bei einer Drehung der Schnecke und des unbearbeiteten Rades (Arbeitsbewegung), wenn die Schnecke außerdem in Richtung der Radachse verschoben wird (Schaltbewegung), am Rade gerade Zähne mit Evolventenflanken erzeugt, d. h. man kann auf diesem Wege Stirnräder bearbeiten.

Die Umwandlung einer Schnecke in einen schneckenförmigen Fräser umfaßt allerdings einen komplizierten Arbeitsgang: nachdem die Schnecke auf der Drehbank vorgeschnitten ist, werden die Spannuten eingefräst, die Zähne hinterdreht, das Werkzeug gehärtet und schließlich die Zähne an der Brustfläche geschliffen. Alle maschinellen Bearbeitungen sind durch Kreis- oder Linienbewegungen und deshalb genau ausführbar, nur das Härten bringt Unbestimmtheiten hinein. Näheres über die Wahl der Abmessungen des Fräsers sowie über seine Herstellung findet sich in dem Aufsatze des Verfassers „Die Bearbeitung der Stirnräder nach dem Wälzverfahren" W. T. 1908, S. 295. Hier sei noch auf einige dort nicht erörterte Fehler der Fräserfabrikation hingewiesen.

Zunächst sei bemerkt, daß die auch für den schneckenförmigen Fräser gestellte Forderung, daß die Hinterdrehkurve eine logarithmische Spirale sei, überflüssig ist; man kann hier ebensogut wie beim Formfräser die werkstattstechnisch bequemere archimedische Spirale benutzen, ohne falsche Profile zu erhalten.

Ein Fehler liegt in dem gebräuchlichen Schleifen der Zahnbrust (Fig. 32). Beim Hinterdrehen wird der Drehstahl senkrecht zur mittleren Schraubenlinie eingestellt, so

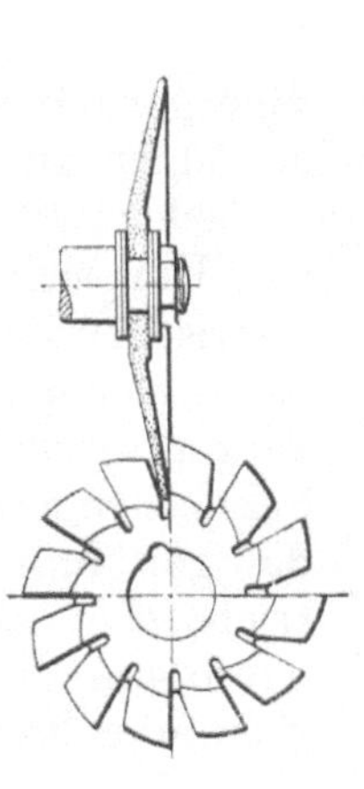

Fig. 32.

daß also ein ebener Schnitt des Schneckenganges senkrecht zur Gangmittellinie bei Evolventenverzahnung gerade Flanken d. h. das Profil des Zahnstangenzahnes hat. (Nur beim Schneiden von Fräsern kleinen Moduls wird der Stahl in eine Ebene, die durch die Schneckenachse geht, eingestellt, wodurch eine durch die Achse gelegte Ebene einen geradflankigen Schnitt erzeugt. Es sei gleich hier darauf hingewiesen, daß das schneidende Profil des Fräsers dadurch vom Profil des Zahnstangenzahnes abweicht). Zum Schleifen der Zahnbrust verwendet man eine kegelförmige Schmirgelscheibe (Fig. 32), die mit einer Mantellinie schleift. Durch diese schleifende Gerade wird die Zahnbrust zu einer Schraubenfläche und das Schnittprofil des Fräsers bleibt nicht mehr geradflankig. Es werde auf die dadurch entstehenden Profilverzerrungen weiter unten eingegangen.

Das Härten des schneckenförmigen Fräsers ist selbstverständlich weit schwieriger als das Härten der Formfräser und wird daher nicht nur größere Fehler als dort, sondern auch weit mehr Ausschuß verursachen. Die große Anzahl der Zähne ist vielmehr dem Verwerfen ausgesetzt; nur muß man beachten, daß der Einfluß schiefstehender Zähne längst nicht die Bedeutung hat wie beim Formfräser. Ein Radzahn wird durch die relativen Lagen aller zum Schnitt kommenden Zähne zu ihm gestaltet (Fig. 33), jeder Zahn erzeugt nur einen Punkt der Zahnkurve. (In Fig. 33 sind die Werkzeugzähne und die von ihnen erzeugten Profilpunkte des Radzahnes entsprechend numeriert). Ein schiefstehender Zahn kann daher immer nur einen Punkt der Zahnflanke falsch schneiden, weshalb dem Verwerfen einzelner Zähne wenig Bedeutung beizumessen ist. Jedoch ist dem Verziehen des Werkzeugs in der Längsrichtung unbedingt Rechnung zu tragen, denn die seitlichen Abstände der Zähne voneinander bestimmen die Teilung des gefrästen Rades. Man nimmt daher beim Drehen der Fräser auf die beim Härten auftretende Längenänderung durch entsprechende Änderung der Steigung Rücksicht, doch ist das Verziehen durch Ungleichheiten im Material so unbestimmt, daß nur mit langer Erfahrung ein genau geteilter Fräser erhalten werden kann. Es wäre aus diesem Grunde auch hier ein Hinterschleifen der Schneidzahnflanken nach dem Härten wie beim Formfräser am Platze.

Der Verfasser hat die Zahnflankenbearbeitung mit dem schneckenförmigen Stirnradfräser bereits in dem oben angeführten Artikel (W. T. 1908. S. 295) behandelt und gezeigt, daß die gebräuchliche Ausführung des Fräsers keine Envolventenzähne erzeugt. Nach dieser Veröffentlichung ist auch in der Z. d. Ver. deutsch. Ing. 1908. S. 1270 von Gerlach eine Arbeit erschienen, die eine geometrische Darstellung der Zahnerzeugung angibt. Der Vorstellung Gerlachs kann der Verfasser jedoch nicht beipflichten. Es muß daher hier der geometrische und der mathematische Beweis bis in alle Einzelheiten durchgeführt werden, um dadurch den interessierten Kreisen eine genaue Vorstellung und gleichzeitig eine genaue Berechnung der auftretenden Fehler zu geben, besonders weil die von Gerlach angegebenen Abweichungen bedeutend kleiner als die wirklichen sind.

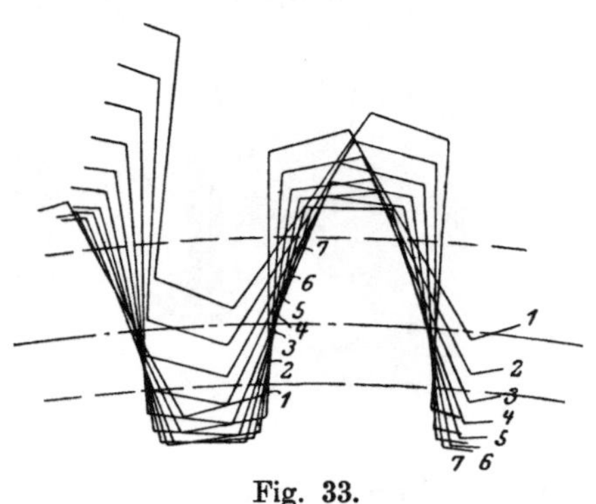

Fig. 33.

Um sich volle Klarheit über den geometrischen Zusammenhang der Zahnerzeugung zu verschaffen, geht man am besten von den Eingriffsverhältnissen des zugrunde liegenden Schneckengetriebes aus. Die Abänderung gegen das gewöhnliche (rechtwinklige) Schneckengetriebe sind: die Schrägstellung der Schneckenachse um den Steigungswinkel der mittleren Schraubenlinie und die Ausbildung des Schneckenrades als Stirnrad d. h. mit Zähnen, deren Breitenlinien in Richtung der Tangente an die mittlere Schraubenlinie verlaufen. Der Eingriff von Schnecke und Rad vollzieht sich nun so, als wenn eine Zahnstange, deren Zähne die Form eines Schneckenganges haben, in Richtung der Schneckenachse verschoben würde. Die Zahnlücken am Stirnrad müssen dann so weit sein, daß die Projektion des Schneckenganges auf die Radebene in jeder Eingriffsstellung darin Platz hat. Diese Projektion ist aber keineswegs geradlinig begrenzt, sondern durch die Enveloppe der Projektionen der Schraubenlinien, aus denen sich die Oberfläche des Schneckenfräsers zusammensetzt, gebildet (Fig. 34). Umgekehrt werden bei der Erzeugung eines Stirnrades durch einen solchen Fräser das Schneckenprofil die Projektionen des Schneckenganges auf eine senkrecht zur Tangente an die mittlere Schraubenlinie liegende Ebene bilden, weil der Vorschub in Richtung der Tangente an die mittlere Schraubenlinie erfolgt.

Diese ist nun aber keine Gerade, sondern eine Kurve (Fig. 34), die im Teilrißpunkt mit der theoretischen Flankenlinie (Gerade) der gedachten Schneckenzähne zusammenfällt, nach dem Zahnkopf und dem Zahnfuß hin sich jedoch von dieser Geraden entfernt. Es treten die die Flanke bildenden Schraubenlinien im Aufriß in drei verschiedenen Formen auf; die mittlere hat eine Spitze, die kleineren werden Wellenlinien, die größeren bilden Schlingen (Fig. 34). Die den Umriß des Schneckenganges in der Projektion bildenden Punkte liegen nicht auf einem Querschnitt des Ganges, sondern auf einer Kurve, wie sie sich in Fig. 34 im Grundriß zeigt. Diese „Flankeneingriffslinie" — so sei sie zum Unterschied von der gewöhnlichen Getriebeeingriffslinie genannt — verschiebt sich mit dem Schneckengang in axialer Richtung bei dessen Zahnstangenbewegung und gibt auf diesem die Punkte des jeweiligen Eingriffs an. Sie durchläuft also auch die Getriebe-

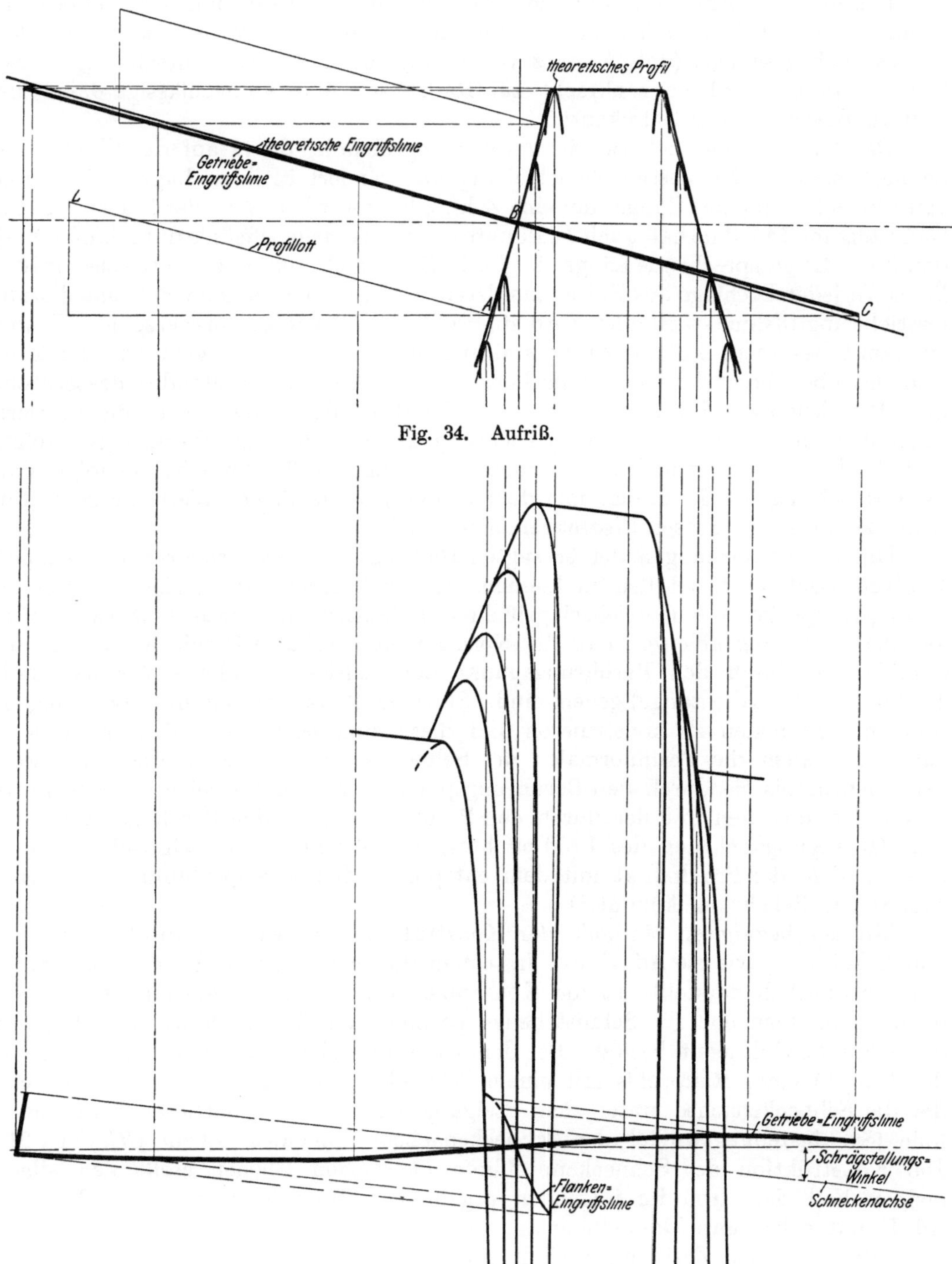

Fig. 34. Aufriß.

Fig. 34. Grundriß.

eingriffslinie, und es läßt sich daher die letztere — da die Flankeneingriffslinie durch die Punkte, die bei der Projektion des Schneckenganges das „schneidende Profil" erzeugen, gegeben ist — mit ihrer Hilfe konstruieren. Ehe diese Konstruktion beschrieben wird, soll der Vergleich des soeben erörterten Schneckengetriebes mit dem Fräser durchgeführt werden.

Falsch ist die Annahme, daß die Schneidkanten der Zähne nur dann schneiden, wenn sie sich in ihrer höchsten Stellung (relativ zur Fräserachse) befinden, oder wie es auch geschieht (vgl. Aufsatz von Gerlach, Z. d. Ver. deutsch. Ing. 1908, S. 1270) in einer Ebene senkrecht zur Radachse. Man vernachlässigt dabei die weitere Bewegung der Zahnkanten.

Das letztere gilt auch für die Flankeneingriffslinie, die ja auf der Flanke des Schneckenganges bei dessen Verschiebung unverändert in ihrer Lage bleibt. Bei einer Verschiebung des Ganges um eine Zahnteilung werden, wenn der Fräser auf eine Gangsteigung 14 Zähne hat, auch 14 Punkte der Flankeneingriffslinie durchlaufen und damit auf die entsprechende Länge die gleiche Zahl von Punkten der Getriebeeingriffslinie. In jeder Drehlage des Fräsers, in deren ein Zusammentreffen von Schneidkante Getriebeeingriffslinie stattfindet, wird ein Profilpunkt des Radzahnes erzeugt. Es und ist damit bewiesen, daß die Zahngestaltung genau so vor sich geht wie der Eingriff des oben beschriebenen Schneckengetriebes. Da als gestaltendes Fräserprofil die „Projektion des Schneckenganges" in Richtung der Tangente an die mittlere Schraubenlinie auftritt, in welcher Richtung der Vorschub des Werkzeugs erfolgt, und da dessen Form vom theoretischen Zahnstangenprofil abweicht, so folgt, daß die Bearbeitung der Stirnräder mit dem in der gebräuchlichen Weise hergestellten schneckenförmigen Fräser theoretisch nicht richtig ist.

Um die Abweichungen der erzeugten Radzähne von den theoretisch genauen Evolventenzähnen feststellen zu können, ist der Eingriff des Getriebes weiter zu verfolgen, speziell die Getriebeeingriffslinie aufzusuchen. Diese läßt sich leicht aus der Beziehung ableiten, daß die Normale im jeweiligen Berührungspunkt der Zahnflanken durch den Berührungspunkt der Teilrisse (Teilkreis für das Rad, Teillinie für die Zahnstange) gehen muß. Statt für Radzahnprofil und Zahnstangenprofil die Normalen zu konstruieren und diese zum Zusammenfallen zu bringen, kann man auch die Profilnormalen der Schnecke allein zeichnen und sie soweit verschieben, bis sie durch den Berührungspunkt der Teilrisse gehen; der Schnittpunkt der Normalen mit der durch den Profilpunkt gehenden Parallelen zur Teillinie (Bewegungsrichtung des Profilpunktes) ist der Punkt der Getriebeeingriffslinie, in dem der Profilpunkt mit dem entsprechenden Gegenprofilpunkt des Radzahnes zur Berührung kommt.[1])

Mit der bekannten Methode der Konstruktion der Schneckenprofil-Normalen von L. Kirner, wie sie Ad. Ernst in seinem Buche über Schneckengetriebe (S. 34 u. f.) ausführlich darstellt, ist die Konstruktion für den vorliegenden Fall nicht möglich, da jene nur für Schnittebenen parallel zum Mittelschnitt AA (Fig. 31) der Schnecke Gültigkeit besitzt. Bei dem zu untersuchenden Getriebe geht jedoch der Eingriff eines Radprofils mit einem Schneckenprofil in einer Ebene vor sich, die die Schneckenachse unter dem Steigungswinkel α der mittleren Schraubenlinie (Schrägstellungswinkel der Schneckenachse) schneidet, Ebene CC, Fig. 31. Die Konstruktion der Schneckenprofillote in solchen Ebenen stellt den allgemeinen Fall dar. Die im folgenden gegebene Lösung lehnt sich an die von Ad. Ernst gebrauchte Darstellung an, weshalb dieselben Bezeichnungen wie dort mit entsprechenden Zusätzen gewählt sind.

In der perspektivisch gezeichneten Figur 35 eines in Wirklichkeit unendlich klein gedachten Schneckenelementes fällt die Z-Achse mit der Schneckenachse zu-

---

[1]) Sucht man z. B. den Punkt der Getriebeeingriffslinie für A (Fig. 34, Aufriß), so konstruiert man für A das Profillot (AL), verschiebt dieses soweit, daß es durch den Teilrißpunkt B geht und schneidet es mit der Linie, auf der sich Punkt A bei der Bewegung des Zahnstangenprofils bewegen würde; daraus ergibt sich Punkt C als der gesuchte Punkt der Getriebeeingriffslinie.

sammen; die XZ-Ebene entspricht einem Längsschnitt der Schnecke (gleich Mittelschnitt AA Fig. 31), die XY-Ebene einem Schnitt lotrecht zu letzterem. Der Annahme gemäß schneidet die Untersuchungsebene (Ebene, senkrecht zur Radachse), d. h. die Ebene, in der das Profillot konstruiert werden soll, die Schneckenachse also auch den Mittelschnitt unter dem Steigungswinkel · der mittleren Schraubenlinie, dieser Winkel sei α. Diese Ebene schneidet die XY-Ebene in der Spur JH und das Element der Schraubenfläche in der Kurve DC. Die Schraubenfläche ist in der Figur begrenzt durch die Kurven AM und GN[1]), den Teil MN der Schneckenachse (Z-Achse) sowie durch die Schraubenlinie AG. Die Kurven AM und GN werden aus der Schraubenfläche durch die gegen die YZ-Ebene um den beliebigen Winkel φ bzw. $\varphi + \mathrm{d}\varphi$ geneigten durch die Z-Achse gelegten Ebenen ausgeschnitten. Auf dem unendlich kleinen Profilteil DC des Schneckenganges soll im Punkte D das Lot in der Ebene $DCJH$ errichtet werden. Bezeichnet man den Winkel, den das Profillot mit der Linie DJ einschließt mit β (dieser Winkel ist gleich dem von DC mit der durch D parallel zur Horizontal-

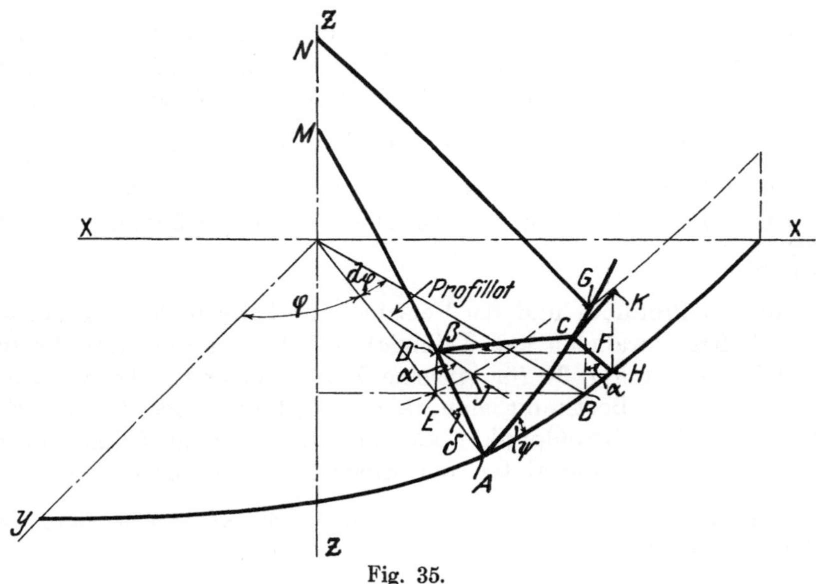

Fig. 35.

ebene XY in der Ebene $DCJH$ gelegten Geraden DF), so läßt sich, sobald β bekannt ist, das Profillot konstruieren, wenn man die Untersuchungsebene $DCJH$ mit der Ebene des Zeichenbrettes zusammenfallen läßt. Legt man die Schneckenachse dann horizontal, so würde das Profillot ohne weiteres durch Abtragung des Winkels β von einer Horizontalen im Profilpunkte gefunden werden. Eine Horizontale in einer solchen Figur entspricht in der perspektivischen Fig. 35 einer Linie, die durch den Punkt D parallel zur YZ-Ebene verläuft (Linie DJ). Aus den in der Figur gegebenen Größen $\sphericalangle\,\alpha$, $\sphericalangle\,\varphi$, $\sphericalangle\,\varphi + \mathrm{d}\varphi$, dem Steigungswinkel ψ der Schraubenlinie des zu untersuchenden Punktes und dem Neigungswinkel δ ($\sphericalangle\,DAE$) der Schneckengangerzeugenden gegen die Ebene (XY) senkrecht zur Schneckenachse, läßt sich $\sphericalangle\,\beta$ bestimmen.

Es ist

$$\operatorname{tg}\beta = \frac{CF}{DF} = \frac{CH \mp FH}{EB} = \frac{CH \mp DJ}{EB}.$$

---

[1]) Die Linien AM und GN sind Kurven, da die Schraubenfläche von einer zur Achse windschiefen Geraden gebildet ist.

2*

Das $+$ Zeichen gilt für den Fall, wo die Schraubenfläche unterhalb der XY-Ebene von der Untersuchungsebene geschnitten wird.

Es ist weiterhin

$$CH = KH \cos \alpha = GB \cos \alpha$$
$$GB = AB \operatorname{tg} \psi$$
$$AB = EB \cos \varphi$$
$$CH = EB \operatorname{tg} \psi \cos \varphi \cos \alpha$$
$$DJ = \frac{DE}{\cos \alpha}; \quad DE = EA \operatorname{tg} \delta; \quad EA = EB \sin \varphi; \quad DJ = \frac{EB \sin \varphi \operatorname{tg} \delta}{\cos \alpha}$$

daraus folgt

$$\operatorname{tg} \beta = \cos \alpha \operatorname{tg} \psi \cos \varphi \mp \frac{\operatorname{tg} \delta \sin \varphi}{\cos \alpha}.$$

Ein Vergleich dieses Ausdrucks mit der Kirnerschen Formel für die Berechnung von β ($\operatorname{tg} \beta = \operatorname{tg} \psi \cos \varphi \mp \operatorname{tg} \delta \sin \varphi$[1]) zeigt, daß nur eine Multiplikation der Summanden mit $\cos \alpha$ bzw. $\dfrac{1}{\cos \alpha}$ eingetreten ist: es ändert sich die Kirnersche Profillot-Konstruktion für den vorliegenden Fall nur wenig. Hat man z. B. in Fig. 37 den Ausdurck $\operatorname{tg} \psi \cos \varphi$ in der Strecke OE gefunden, so trägt man $\sphericalangle \alpha$ von der Linie EH nach oben ab, fällt von E ein Lot auf TR und hat dann in der Strecke OT die Größe $\operatorname{tg} \psi \cos \varphi \cos \alpha$. Ähnlich verfährt man mit $\dfrac{\operatorname{tg} \delta \sin \varphi}{\cos \alpha}$, das durch Strecke OH gegeben sei. Das in H errichtete Lot schneidet den zweiten Schenkel von TR in R, dann ist OR gleich dem gewünschten Ausdruck, da $\cos \alpha = \dfrac{OH}{OR}$ ist.

Mit Hilfe der Profillote und der Verschiebungsbahnen der zugehörigen Profilpunkte (im Aufriß Parallelen zur Teillinie) findet man die Getriebeeingriffslinie im Aufriß, wie dies in Fig. 34 für einzelne Punkte einer Flanke eines Schneckenganges geschehen ist. Bestimmt man in der Mittellage des Zahnes, Fig. 34, die Lage der untersuchten Profilpunkte auf der Flankeneingriffslinie im Grundriß, so ergibt sich durch Herunterloten der Eingriffspunkte auf die betreffende Ver-

---

[1] Es sei darauf hingewiesen (Ernst, S. 44), daß sich die Kirnersche Formel in einfacher Weise für das Zeichnen umformen läßt auf

$$v \cdot a \cdot \operatorname{tg} \beta = \frac{v \cdot h}{2 \pi} \cos^2 \varphi \mp v \cdot a \cdot \sin \varphi \cdot \operatorname{tg} \delta.$$

Zur kurzen Wiederholung der Konstruktion sei angeführt, Fig. 36, daß

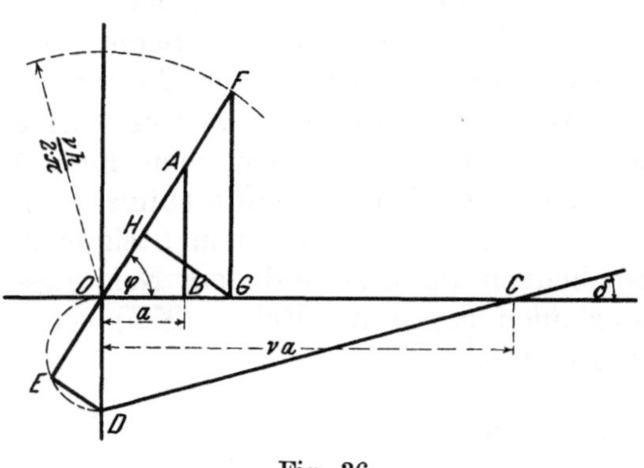

$$OB = a$$
$$OC = v \cdot a$$
$$\sphericalangle OCD = \sphericalangle \delta$$
$$OD = v \cdot a \cdot \operatorname{tg} \delta$$
$$\sphericalangle AOB = \sphericalangle \varphi$$
$$DE \text{ senkrecht } AE$$
$$OE = v\, a \cdot \sin \varphi \cdot \operatorname{tg} \delta$$
$$OF = \frac{v \cdot h}{2 \pi} \quad FG \text{ senkrecht } OC,$$
$$GH \text{ senkrecht } OA, \quad \text{dann folgt}$$
$$OG = \frac{v \cdot h}{2 \pi} \cdot \cos \varphi$$
$$OH = \frac{v \cdot h}{2 \pi} \cos^2 \varphi$$

Fig. 36.

dann ist durch Subtraktion bzw. Addition von OE und OH $v\, a \cdot \operatorname{tg} \beta$ gegeben. Die weitere Konstruktion für den vorliegenden Fall läßt sich nach dem oben Gesagten ohne weiteres beenden.

schiebungsbahn des Punktes, die Getriebeeingriffslinie im Grundriß. Man sieht, daß der Eingriff der Zähne auf der Kopfkante des Schneckenganges zurückwandert. Dieses Zurückwandern hat allerdings nur insofern Interesse, als theoretisch für diesen Teil des Zahnstangenprofils Profilpunkte am Rad vorhanden sind, die ein sog. „rückläufiges Profil" bilden, wie es z. B. auch bei der Evolventenverzahnung für die über den Berührungspunkt der Eingriffslinie mit dem Grundkreis ausgedehnte Eingriffslinie auftritt. Beim Fräsen

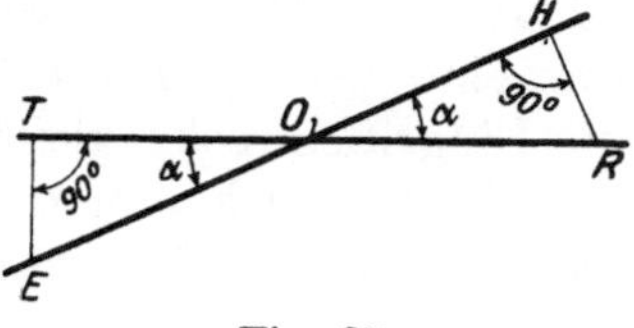

Fig. 37.

wird dies allerdings selten eintreten, da die Zähne stufenförmig aufeinander folgen, der Schnitt also sprungweise auf der Eingriffslinie vorwärtsschreitet. Man sieht ferner, daß sich die Eingriffslinie nur wenig aus einer Ebene senkrecht zur Rad-

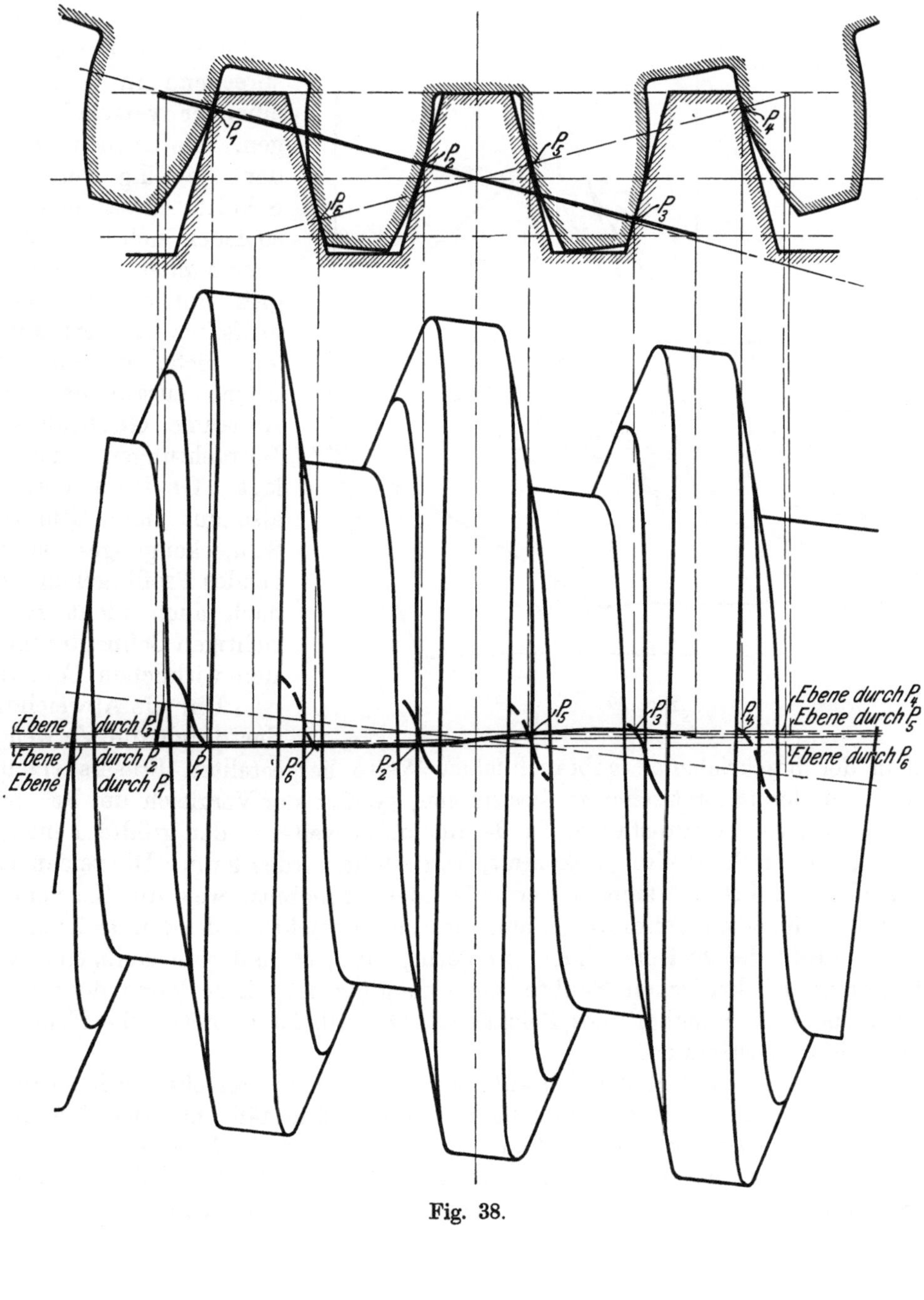

Fig. 38.

achse entfernt; ein einzelner Querschnitt des Radzahnes wird also nach kurzem Arbeitsgang des Fräsers fertig gestaltet. Aus der Figur ergibt sich auch, da die Eingriffsdauer von Fräser und Arbeitsstück kurz ist, daß für kleine Zähnezahlen nur eine geringe Fräserlänge nötig ist; im Beispiel ist bei 12 Zähnen am Rad die Eingriffsstrecke gleich ungefähr $2,2 \times$ Teilung, so daß man also mit $2\,^1/_2$ Gängen am Fräser auskommen würde; eine erhebliche Vermehrung der Zähnezahl macht jedoch eine Verlängerung der Frässchnecke erforderlich. Die Werkzeugfabriken halten daher die schneckenförmigen Stirnradfräser in zwei verschiedenen Längen auf Lager.

  Die Erzeugung verschiedener Radzahnprofile veranschaulicht Fig. 38. Der Aufriß zeigt die Zahnstangenprofile im Eingriff mit den Radzähnen. Es sei besonders darauf hingewiesen, daß die gezeichneten Zahnstangen- und Radprofile nicht in einer Ebene, sondern den sechs in Eingriff befindlichen Punkten entsprechend in sechs gegeneinander verschobenen liegen. Die Ebenen, in denen der jeweilig erzeugende Schnitt stattfindet, verschieben sich beständig gegeneinander wie der Eingriff auf der Getriebeeingriffslinie wandert und fallen nicht in eine feste Ebene zusammen, welche Annahme Gerlach seinen Betrachtungen zugrunde legt. Gerlach betrachtet also nur einen Schnitt des Schneckenganges als erzeugendes Profil, gelangt demnach auch nicht zu dem richtigen Schneidprofil und den wirklichen Fehlern.

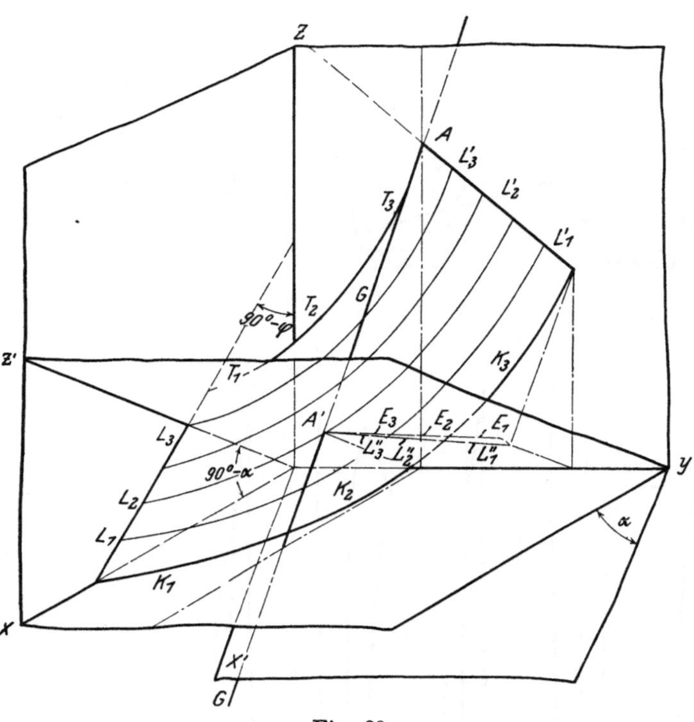

Fig. 39.

  Um die Abweichungen der durch die Verwendung eines in der beschriebenen gebräuchlichen Weise hergestellten Fräsers erzeugten Kurven von den theoretischen zu bestimmen, genügt der Vergleich der Fräserform mit der Evolventenzahnstange, da daraus ohne weiteres der größte Fehler, auf den es ja bei der Beurteilung ankommt, festgestellt werden kann. Die zeichnerische Untersuchung führt zu keinem befriedigendem Ergebnis, weil die Kurvenunterschiede der einzelnen Schraubenlinien, die die „Projektion des Schneckenganges" d. h. das Profil des Fräsers bilden, zu gering sind, so daß eine genügend genaue Bestimmung der kritischen Punkte nicht möglich ist; dazu käme noch die unvermeidliche Ungenauigkeit des Zeichnens. Deshalb ist es nötig, die Fehler rein rechnerisch zu bestimmen.

  In Fig. 39 ist ein Teil der Schraubenfläche in einem dreiachsigen Koordinatensystem perspektivisch dargestellt, die Schneckenachse fällt mit der Z-Achse zusammen. Die Schraubenlinie $T_1 T_2 T_3$ entspreche der Teilrißschraubenlinie des Fräsers, die Schraubenlinie $K_1 K_2 K_3$ der Kopfkante des Fräsers. Zur Bestimmung des Schnittprofils am Fräser war es notwendig, die Projektion der Schraubenfläche in Richtung der Tangente an die mittlere Schraubenlinie (Teilrißschrauben-linie $T_1 T_2 T_3$) auf eine Ebene senkrecht zu dieser Richtung zu bilden. Um dies in der Figur auszuführen, legt man in Punkt A an die Schraubenlinie $T_1 T_2 T_3$ eine Tangente, die durch die Gerade GG dargestellt ist. Alsdann legt man senk-recht zu dieser Geraden eine Ebene, die durch die Y-Achse geht. Auf diese Ebene projiziert man die Schraubenfläche (Schar von Schraubenlinien) und bestimmt die Umhüllungskurve. Die Schraubenfläche war erzeugt gedacht durch eine Ge-rade, diese ist in der XZ-Ebene durch $L_1 L_2 L_3$ dargestellt, in der YZ-Achse $L_1' L_2' L_3'$. Diese Gerade auf die Ebene senkrecht zur Tangente im Punkte A projiziert, geht durch den Teilrißpunkt A' der Projektion des Schneckenganges und gibt durch ihre Richtung die Gerade $L_1'' L_2'' L_3''$ an, die das theoretische Evolventenprofil der Zahnstange darstellt und mit der Umhüllungskurve $E_1 E_2 E_3$ (Enveloppe) der Projektion der Schraubenfläche verglichen werden muß. Klappt man nun die Ebene, auf die die Projektion stattgefunden hat, in die Zeichen-ebene, so erhält man die Figur 40. Punkt A' ist der Teilrißpunkt des Fräser-profils, Linie $L_1'' L_2''$ die Gerade, die das theoretische Zahnstangenprofil darstellt, und Kurve NN die Projektion der Schraubenfläche, die durch eine unendlich

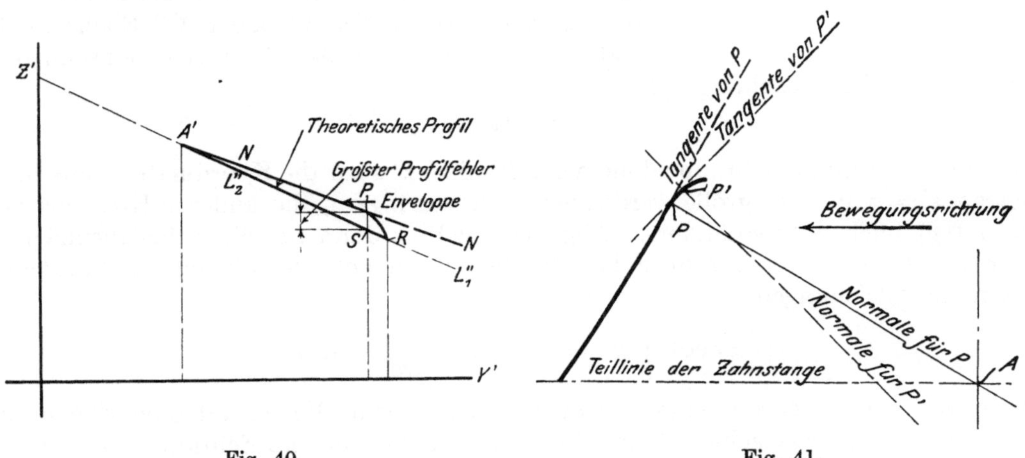

Fig. 40.   Fig. 41.

lange Gerade $L_1 L_2 L_3$ erzeugt würde. Begrenzt man die Schraubenfläche wie in Fig. 39 durch die Kopfkanten-Schraubenlinie $K_1 K_2 K_3$ des Fräsers, so gehört nur der Teil $A'P$ der Umhüllungskurve dem Profil des Fräsers an. In P berührt die Projektion der Kopfkanten-Schraubenlinie $K_1 K_2 K_3$ die Umhüllungskurve und bildet bis Punkt R das Fräserprofil. Ob Punkt P am weitesten vom theoretischen Zahnstangenprofil entfernt liegt, läßt sich an Hand der Fig. 41 entscheiden, in der die Projektion der Kopfschraubenlinie sowie der Punkt angegeben ist, von dem aus diese Schraubenlinie das Fräserprofil bildet und der dem Punkt P, Fig. 40, entspricht. In diesem Punkt haben die Enveloppe und die Schrauben-linie eine gemeinsame Tangente; diese Tangente hat von allen Tangenten außer-dem die größte Neigung gegen die Teillinie der Zahnstange. Ist nun in Fig. 41 A der Berührungspunkt des Zahnstangen- und Radteilrisses, P der bezeichnete Punkt in der Stellung, bei der seine Normale durch A geht, so sieht man, daß alle Punkte der Kopfschraubenlinie, die von P aus das Fräserprofil bilden, weil sie eine geringere Neigung der Tangente gegen die Zahnstangenteillinie haben, Gegenprofilpunkte am Rad nicht erzeugen können, weil ihre Normalen nicht mehr durch Punkt A laufen. Punkt P gibt also die größte Abweichung vom theore-tischen Profil an. Da die Verschiebung der Zahnstange beim Fräsen in Richtung der Schneckenachse geschieht, in der Figur in Richtung der Z-Achse, so ist die größte Abweichung des Fräserprofils durch eine Gerade zu bestimmen, die parallel zur Z'-Achse durch Punkt P gelegt ist. Diese schneidet die Gerade in Punkt S, Fig. 40. In der Strecke PS ist dann der größte Fehler gegeben; er wird direkt aus der Differenz der Ordinaten von Punkt P und Punkt S gefunden.

Analytisch läßt sich die Rechnung folgendermaßen durchführen. Die Gleichung einer Schraubenlinie auf dem Zylinder vom Radius r im rechtwinkligen Koordinatensystem XYZ (wobei die Z-Achse mit der Schneckenachse zusammenfällt) ist gegeben durch

$$x = r \cos \tau; \quad y = r \sin \tau; \quad z = \frac{h\tau}{2\pi},$$

wobei τ den Winkel zwischen der Projektion des Fahrstrahls (Fig. 42) und der positiven X-Achse, h die Steigung bedeutet. Eine Schraubenfläche, deren

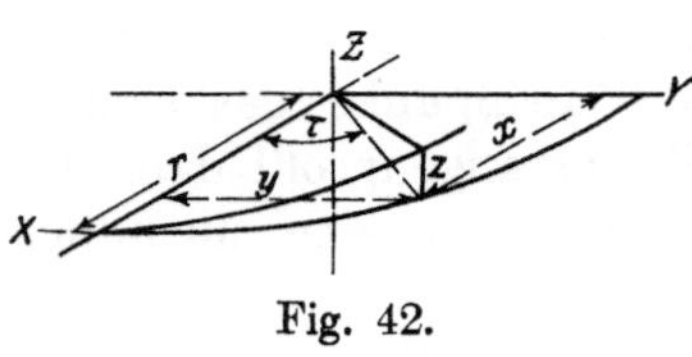

Fig. 42.

Schraubenlinien ihren Anfang alle in der X-Achse haben, ist durch dieselben Gleichungen bestimmt, wenn man r als variablen Parameter auffaßt. Im vorliegenden Falle liegen die Anfangspunkte der die Schraubenfläche bildenden Schraubenlinien auf einer Geraden, die in Fig. 40 in der XZ-Ebene liegt und mit der X-Achse den Winkel φ einschließt, für die also die Gleichung gilt

$$z = r \operatorname{tg} \varphi.$$

Für eine bestimmte Schraubenlinie vom Radius a wäre die Koordinate z um den Betrag $z' = a \operatorname{tg} \varphi$ bei größerwerdendem r zu verringern, die anderen Koordinaten (x und y) bleiben unverändert. Allgemein gelten dann für die Schraubenfläche, oder was dasselbe ist, für die Schar der die Schraubenfläche bildenden Schraubenlinien die Gleichungen

$$x = r \cos \tau; \quad y = r \sin \tau; \quad z = \frac{h\tau}{2\pi} - r \operatorname{tg} \varphi.$$

Diese Schar von Schraubenlinien war nun nach dem Obigen auf eine Ebene zu projizieren, die senkrecht auf der Tangente an die mittlere Schraubenlinie steht und durch die Y-Achse geht. Zur Bildung dieser Projektion bezieht man die Gleichungen der Schraubenlinienschar auf ein Koordinatensystem, dessen X'- und dessen Z'-Achse gegen die alten Achsen in der XZ-Ebene um den Winkel α der Projektionsebene gegen die YZ-Ebene geneigt ist. α, der Neigungswinkel der Tangente an die Schraubenlinie gegen eine zur Schneckenachse senkrechte Ebene, ist gleich dem Steigungswinkel dieser Schraubenlinie.

Die Transformation der alten Koordinaten in das neue $X'Y'Z'$-System besteht also in einer bloßen Drehung der X- und der Z-Achse um den Winkel α; die Transformationsformeln sind daher:

$$x' = x \cos \alpha - z \sin \alpha,$$
$$y' = y,$$
$$z' = x \sin \alpha + z \cos \alpha.$$

Die Gleichungen der Schraubenlinienschar im neuen System werden demnach:

$$x' = r \cos \tau \cos \alpha - \left(\frac{h\tau}{2\pi} - r \operatorname{tg} \varphi\right) \sin \alpha.$$
$$y' = r \sin \tau,$$
$$z' = r \cos \tau \sin \alpha + \left(\frac{h\tau}{2\pi} - r \operatorname{tg} \varphi\right) \cos \alpha.$$

Die Projektion dieser Kurven auf die $Y'Z'$-Ebene wird gefunden, wenn man $x' = 0$ setzt; dann erhält man als Gleichungen der Projektionskurven:

$$y' = r \sin \tau,$$
$$z' = r \cos \tau \sin \alpha - \left(\frac{h\,\tau}{2\,\pi} - r \operatorname{tg} \varphi\right) \cos \alpha.$$

Es sei bemerkt, daß sich die Kurven, weil r variabel ist, bis ins Unendliche erstrecken. Dasselbe gilt auch für die Umhüllungskurve (Enveloppe) dieser Kurvenschar, die ja zur Bestimmung des Fräserprofils aufzusuchen war. Für die Aufstellung der Gleichung der Enveloppe einer Kurvenschar $F(y, z, r) = 0$ gilt, daß die erste Ableitung nach r Null wird. Im vorliegenden Falle ist, da $\cos \tau = \sqrt{1 - \left(\frac{y'^2}{r^2}\right)}$ und $\tau = \arcsin \frac{y'}{r}$

$$F(y', z', r) = -z' + \left(\sqrt{r^2 - y'^2}\right) \sin \alpha + \frac{h}{2\,\pi} \arcsin \frac{y'}{r} \cos \alpha - r \operatorname{tg} \varphi \cos \alpha = 0,$$

also

$$\frac{\delta F(y', z', r)}{\delta r} = \frac{r \sin \alpha}{\sqrt{r^2 - y'^2}} + \frac{y}{r \sqrt{r^2 - y'^2}} \frac{h \cdot \cos \alpha}{2\,\pi} - \operatorname{tg} \varphi \cos \alpha = 0.$$

Durch Multiplikation mit $r \sqrt{r^2 - y'^2}$ ergibt sich

$$r^2 \operatorname{tg} \alpha + y' \frac{h}{2\,\pi} = r \sqrt{r^2 - y'^2} \cdot \operatorname{tg} \varphi.$$

Quadriert man die Gleichung, so folgt

$$y'^2 \left[\left(\frac{h}{2\,\pi}\right)^2 + r^2 \operatorname{tg}^2 \varphi\right] + y' \cdot \frac{r^2 h}{\pi} \operatorname{tg} \alpha - r^4 (\operatorname{tg}^2 \varphi - \operatorname{tg}^2 \alpha) = 0$$

und aus der Auflösung der quadratischen Gleichung für y' ergibt sich

$$y' = \frac{-r^2 \left\{\frac{h}{\pi} \operatorname{tg} \alpha \pm \sqrt{\left(\frac{h \cdot \operatorname{tg} \alpha}{\pi}\right)^2 + 4 \left[\left(\frac{h}{2\,\pi}\right)^2 + r^2 \operatorname{tg}^2 \varphi\right](\operatorname{tg}^2 \varphi - \operatorname{tg}^2 \alpha)}\right\}}{2 \left[\left(\frac{h}{2\,\pi}\right)^2 + r^2 \operatorname{tg}^2 \varphi\right]}$$

Die Gleichung stellt y' in Abhängigkeit vom variablen Parameter r dar, und zwar ist für einen bestimmten Punkt P der Enveloppe r der Radius des Schraubenlinie, die die Enveloppe im Punkte P berührt. Die zu y' gehörige Ordinate z' läßt sich aus der Gleichung bestimmen:

$$z' = \sqrt{r^2 - y'^2} \sin \alpha - \left(\frac{h}{2\,\pi} \arcsin \frac{y'}{r} - r \operatorname{tg} \varphi\right) \cos \alpha.$$

Der vom theoretischen Profil der Evolventen-Zahnstange am weitesten abweichende Punkt liegt, wie oben schon gezeigt wurde, auf der Schraubenlinie vom größten Durchmesser (Kopfkante des Fräsers), für diesen Durchmesser, bzw. Radius ist der zugehörige Punkt der Enveloppe aus der Gleichung für y' zu bestimmen. Ist y' gefunden, so läßt sich auch z' berechnen. Mit dieser Ordinate z' ist die zur gleichen Abszisse y' gehörige Ordinate der Geraden zu vergleichen, die das theoretische Zahnstangenprofil in der Projektions-

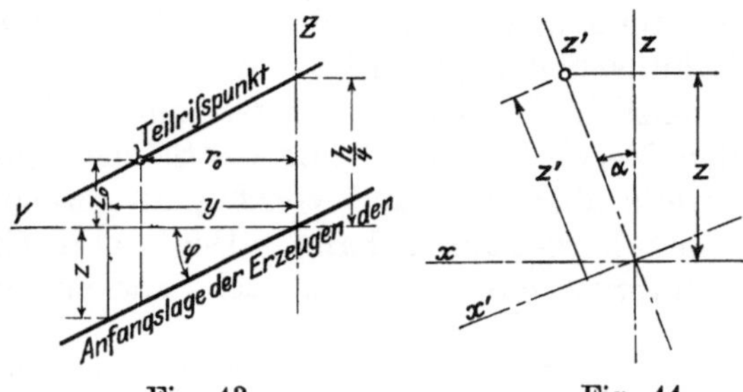

Fig. 43.

Fig. 44.

ebene darstellt. Diese Gerade läuft in der YZ-Ebene (Fig. 40) der Erzeugenden der Schraubenfläche parallel, deren Gleichung ist nach Fig. 43

$$z = \operatorname{tg} \varphi \cdot y.$$

Ist im neuen Koordinatensystem die $X'Z'$-Ebene gegen die XZ-Ebene um den $\measuredangle \alpha$ geneigt (Fig. 44), während die Y-Ebene ihre Lage behält, so wird

$$y = y'; \quad z = z' \cdot \cos \alpha.$$

Es wird also die Gleichung der Schraubenflächenerzeugenden in der $Y'Z'$-Ebene

$$z' = \frac{\operatorname{tg} \varphi}{\cos \alpha} \cdot y'.$$

Die gesuchte Gerade läuft dieser Linie parallel und geht durch den Teilrißpunkt; dessen Koordinaten sind in der YZ-Ebene (wenn sich nämlich die Gerade aus ihrer Anfangslage, in der sie durch den Koordinatenanfang ging, um 90° gedreht, also um $\dfrac{h}{4}$ gehoben hat),

$$y_0 = \text{Teilkreisradius} = r_0$$

$$z_0 = \frac{h}{4} - r_0 \cdot \operatorname{tg} \varphi.$$

In der $Y'Z'$-Ebene sind seine Koordinaten

$$y_0' = y_0 = r_0$$

$$z_0' = \frac{z_0}{\cos \alpha} = \frac{h}{4 \cos \alpha} - \frac{r_0 \operatorname{tg} \varphi}{\cos \alpha}.$$

Die Gleichung der gesuchten Geraden in der $Y'Z'$-Ebene wird nun

$$z' - z_0' = \frac{\operatorname{tg} \varphi}{\cos \alpha} (y' - y_0'),$$

y_0' und z_0' eingesetzt, ergibt

$$z' = \frac{\operatorname{tg} \varphi}{\cos \alpha} \cdot y' + \frac{h}{4 \cos \alpha} - 2 r_0 \frac{\operatorname{tg} \varphi}{\cos \alpha}.$$

Die numerische Rechnung werde für einen Fräser von Modul 10 durchgeführt, dessen Steigung also gleich $10\,\pi$ ist vom Außendurchmesser 110 mm, daher Parameter $r = 55$; Teilkreisdurchmesser 85 mm; dann ist der Steigungswinkel $\alpha = 6° \, 42' \, 55''$.

Aus der Gleichung der Enveloppe erhält man dann als Abszisse $y' = 54{,}721$ mm und als zugehörige Ordinate $z' = -15{,}561$ mm.[1]) Aus der Gleichung der Geraden erhält man die zur Abszisse $y' = 54{,}721$ gehörige Ordinate $z' = -16{,}291$. Die Abweichung des Fräserprofils vom theoretischen Profil beträgt demnach 0,73 mm, ist also außerordentlich viel größer, als die früheren Angaben erwarten ließen.

Es wird bei der Anwendung des Wälzverfahrens häufig als großer Nachteil empfunden, daß die gefrästen Räder einseitig hängende Zähne erhalten, d. h. die Zahnflächen liegen nicht symmetrisch zur Mittellinie des Zahnes. Man hat die eigentliche Ursache bisher verkannt (vgl. W. T. 1909, S. 220), indem man die Schuld dem Verwerfen der Zähne des Schneckenfräsers beim Härten zuschob. Es wurde bereits oben an Hand von Fig. 33 gezeigt, daß ein solches Verziehen diese Fehler nicht herbeiführen kann. Der wahre Grund ist vielmehr in dem Schleifen der Zahnbrust mit nicht senkrecht zur mitteren Schraubenlinie verlaufender Steigung

---

[1]) Für das Beispiel wird z' negativ; es ist dann naturlich auch z' aus der Enveloppe negativ zu nehmen.

zu suchen. Da es praktisch kaum ausführbar ist, die Zahnbrust, wie es nach dem Vorstehenden zu verlangen war, als Ebene zu schleifen, muß man die durch Verwendung einer Schraubenfläche entstehenden Fehler in Kauf nehmen. (Dazu sei übrigens bemerkt, daß die Schraubenfläche auf der linken Flanke [Fig. 34] am Kopf des Fräsers Punkte wegschleift, die das falsche Profil verursachten, am Zahnfuß werden allerdings die Abweichungen vergrößert.) Nimmt man an, die Steigung des Schneckenganges erfordere eine Schraubenfläche der Zahnbrust von 6° 40′ 22,7″ Steigungswinkel im Teilriß, man schleifte jedoch unter einem Steigungswinkel von 6° 4′ 17,5″, wie ein Fall der praktischen Ausführung entnommen ist, so werden, wenn man den Schliff bei Punkt *A* (Fig. 45, die

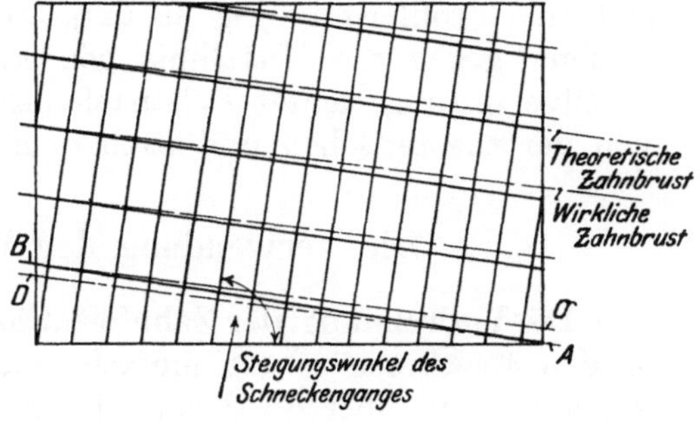

Fig. 45.

die Abwicklung eines Fräsermantels darstellt) beginnt und zwangläufig mit dem Spiralteilkopf die Drehung des Fräsers bewirkt, zunächst alle anderen Zähne des Fräsers

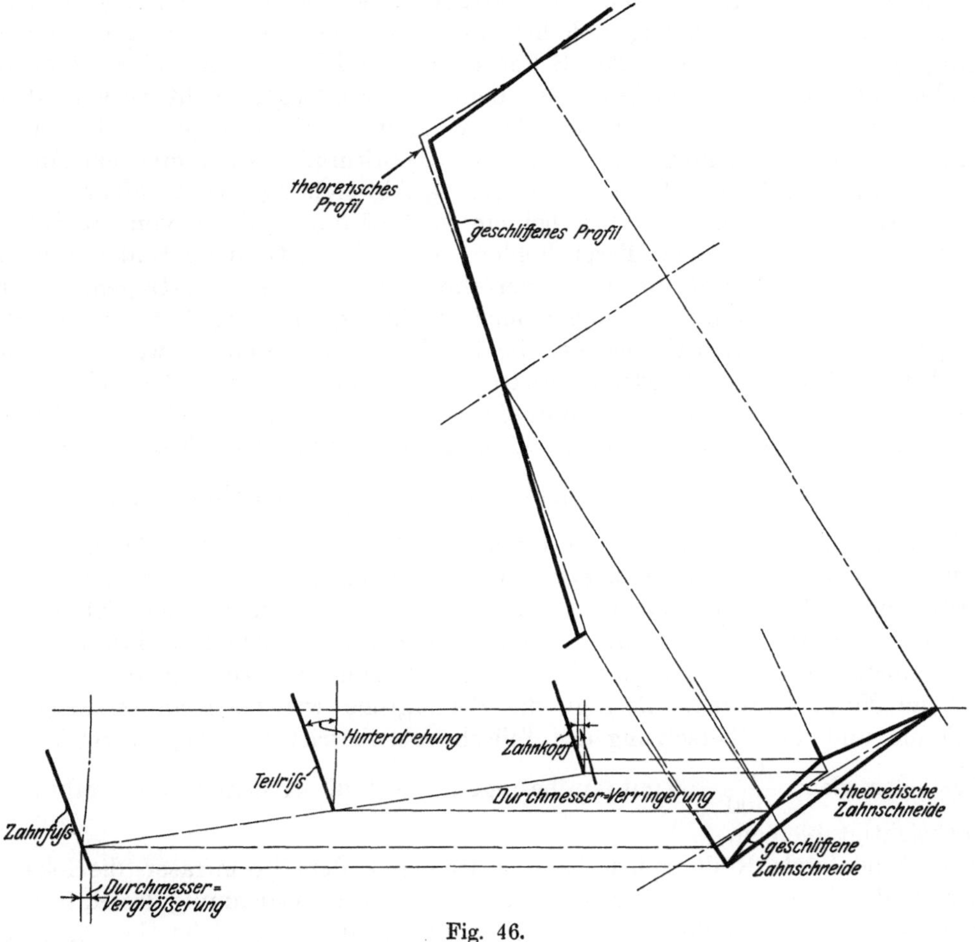

Fig. 46.

von der Schleifscheibe nicht berührt. Man muß dann solange schleifen bis auch Punkt *B* berührt wird und hat dann den Fräser soweit um seine Achse drehen müssen, daß der erste Zahn bis Punkt *C* abgeschliffen ist. Aus dem damit verbundenen Schiefschleifen folgt eine Profilverzerrung, die außerdem vergrößert wird, weil man beim Nachschleifen trotz der mit der Hinterdrehung verbundenen Durchmesserverringerung und der dadurch entstehenden Änderung (Vergrößerung) des Steigungswinkels immer dieselbe Steigung der Schleiffläche beibehält. Das entstehende Profil ist in Fig. 46 dargestellt; die linke Flanke ist stärker, die rechte weniger gegen die Mittellinie geneigt als die normale Flanke. Die Größe der Profilverzerrung richtet sich nach der Abweichung der angewandten Schleifspirale von der theoretischen und nach dem Grade der Hinterdrehung.

Die Verwendung der Werkzeuge in den Maschinen.

Die Verwendung der Zahnformfräser und der schneckenförmigen Stirnradfräser in den Maschinen ist so einfach, daß hier eine nähere Beschreibung überflüssig ist; auch sind über die darin auftretenden Fehlerquellen eingehende Betrachtungen in der Zeitschrift „Werkstattstechnik"[1]) veröffentlicht. Nur ein Mechanismus, in dem Fehler liegen können, sei hier untersucht.

Bei den mit dem Formfräser arbeitenden Maschinen erfolgt die Teilung, d. h. die Weiterschaltung des Arbeitsstückes um einen Zahn durch Schnecke, Schneckenrad und Stirnräder; bei der Wälzmaschine sind Werkzeug und Werkstück zur Bewirkung der dem zugrunde liegenden Schneckengetriebe entsprechenden Bewegung ebenfalls durch Schnecke, Schneckenrad und Stirnräder, teilweise auch Kegelräder miteinander verbunden. Aus dem früher Gesagten geht hervor, daß in den Stirnrädern erhebliche Fehler liegen können, die eine ungleichförmige Drehung herbeiführen. Nimmt man z. B. an, die Stirnräder seien mit dem Formfräser bearbeitet, und zwar betrage die größte Abweichung der Kopfkante des treibenden Rades 0,5 mm, wie dies bei einem 50zähnigen Rade vom Modul 5 eintreten kann, so wird sich dieser Fehler, wenn das getriebene Rad mit dem Fräser auf einer Achse sitzt, beim Wälzverfahren auf letzteren übertragen. Zwar muß man bedenken, daß sich immer mehrere Zähne im Eingriff befinden und sich daher die Bewegungsdifferenz der beiden Räder vermindert, weil bei den verschiedenen Zähnen verschiedene Punkte in Eingriff kommen, die auch verschieden große Fehler haben; es kommt dann der Einfluß der elastischen Formänderung des Materials in Betracht. Läßt man diesen unberücksichtigt, so würde im obigen Beispiel der Fräser bei 250 mm ϕ auf $\frac{1}{50}$ Umdrehung um 0,5 mm zurückbleiben, ist sein Durchmesser 110 mm, um 0,02 mm. Auf das Arbeitsstück wird dieser Fehler nicht ganz übertragen; er ist vielmehr mit dem Sinus des Schrägstellungswinkels zu multiplizieren. Da dieser im allgemeinen 0,1 nicht übersteigt, so ist der am Radzahn erzeugte Fehler von 0,002 mm praktisch ohne Belang. Ebenso verhält es sich mit der Beeinflussung der Teilung am Arbeitsstück beim Formverfahren. Beträgt die Fehlergröße wie oben am treibenden Rad 0,5 mm und die Übersetzung des Teilschneckenbetriebes 1:500, so würde der Teilungsfehler gleich $\frac{0,5}{500} = 0,001$ mm betragen. Auch dieser Fehler kann praktisch unberücksichtigt bleiben.

Eine bedeutende Rolle spielt beim Fräsen mit dem Formfräser die lokale Erwärmung des Arbeitsstückes durch das Werkzeug. Die Ausdehnung des Materials des Arbeitsstückes durch die Erhitzung ist so stark, daß erhebliche Unterschiede in der Teilung zwischen Anfang und Ende der Bearbeitung entstehen. Räder, die in der Teilung genau sein sollen, müssen aus diesem Grunde vorgeschruppt

---

[1]) W. T. 1908 u. 1909.

und mit einem leichten Span nachgeschlichtet werden. Beim Fräsen mit dem schneckenförmigen Fräser findet der Schnitt fortwährend am ganzen Umfange des Rades statt, wodurch eine gleichmäßige Erwärmung eintritt und ein ungleiches Verziehen verhindert ist.

Über die Beseitigung der Fehler.

Im vorstehenden wurde bereits ausgeführt, wie die Beseitigung der beim Formverfahren an den Zahnkurven auftretenden Fehler einerseits nur durch Änderung des Verzahnungssystems zu erreichen wäre, andernteils nur durch außerordentliche Verteuerung der Werkzeugkosten. Das erstere ist zu erwarten und wird in Amerika voraussichtlich in nicht zu langer Zeit durchgeführt werden. Das zweite ist deshalb kaum möglich, weil durch eine Verteuerung des Verfahrens seine Konkurrenzfähigkeit dem Wälzverfahren gegenüber leiden würde. Vorläufig stehen sich beide Verfahren sowohl was Kosten als auch was die Genauigkeit anbelangt, vollkommen gleich; eher ist die Genauigkeit beim Wälzverfahren geringer, da sich der berechnete Fehler auf alle Zähnezahlen in seiner vollen Größe überträgt, während die Fehler beim Formverfahren verschieden groß, für manche Zähnezahlen sogar Null sind. Es tritt nun natürlich die Frage auf, ob die Mängel des Wälzverfahrens überhaupt behoben werden können, oder ob sie untrennbar am Prinzip haften.

Das genaue Profil des Zahnes der Evolventenzahnstange wird am Fräser deshalb nicht erreicht, weil man es in einen Querschnitt des Ganges verlegen will, während doch eine ganze Reihe von Querschnitten das Profil zustande bringen. Um nun dieser Summe hintereinanderliegender Querschnitte (bzw. Stellungen der Zahnscheide) das richtige Profil zu geben, braucht man nur einen Zahnstangenzahn, also einen Stahl von trapezförmigem Querschnitt, dessen Flanken schneidend wirken, in den Schneckengang eines Fräsers in Richtung der Tangente an die mittlere Schraubenlinie zu legen; dann wird bei einer Drehung des Fräsers und der gleichzeitigen, der Steigung des Ganges entsprechenden Axialverschiebung des eingelegten Zahnes, das Profil des letzteren auf die Flanken des Schneckenganges übertragen, d. h. alle Punkte der Fräserschneiden, die vom theoretischen Profil abweichen, werden weggenommen, weil sie sonst in den eingelegten Zahn eindringen würden. Damit ist die Möglichkeit geschaffen, dem Fräser das theoretisch genaue Profil zu geben. Nach diesem Gedanken ist ein Fräser (D. R. P. Nr. 215473) vom Verfasser entworfen, mit dem also eine genaue Evolventenverzahnung erzeugt werden kann. Die Ausführung stößt auf keine Schwierigkeit, die Korrektion des vorgearbeiteten Fräsers läßt sich am besten durch ein Hinterschleifen bewirken, wie es weiter unten erörtert werden soll.

Es wäre nun noch zu untersuchen, ob sich die Profilverzerrungen beheben lassen, die durch das falsche Schleichen infolge der mit der Hinterdrehung verbundenen Durchmesserverringerung auftreten. Die Anwendung einer Schleifspirale, die nicht senkrecht zur Steigung des Schneckenganges verläuft, ist ein leicht vermeidbarer Konstruktionsfehler. Steigung des Schneckenganges, Steigung der Spannut und Steigung der Schleifspirale lassen sich ohne weiteres für Drehbank, Fräsmaschine und Schleifmaschine bei der Herstellung des Fräsers durch die Wahl der Wechselräder so bestimmen, daß die Zahnbrust senkrecht zum Zahnrücken läuft. Und es ist ein grober Fehler, wenn in manchen Werkstätten die schneckenförmigen Fräser sogar freigängig also nicht mit dem Spiralteilkopf geschliffen werden; die richtige Steigung der Schleiffläche ist dann natürlich nicht erreichbar. Um für alle Fräser ein und dieselbe Schleifspirale anwenden zu können, brauchte man nur ein und denselben Steigungswinkel der Schneckengänge anzuwenden, z. B. 5 Grad; da nun die Teilkreisdurchmesser dieser Fräser gleich Modul dividiert durch Sinus des Steigungswinkels sind, so sind sie durch diese eine Annahme festgelegt. Da der Verwendung dieser Abmessungen nichts im Wege steht, so hat man eine bedeutende Vereinfachung der Schleifmaschine gewonnen.

Es bleibt somit nur der Einfluß der Hinterdrehung, nämlich die Vergrößerung des Steigungswinkels des Schneckenganges beim Nachschleifen. Dazu sei bemerkt, daß man in der Praxis dieser Winkeländerung teilweise Rechnung trägt, indem man die Schrägstellung der Frässchnecke in der Fräsmaschine ändert; allerdings nimmt man für einen Fräser nur drei verschiedene Winkel, so daß trotzdem bedeutende Profiländerungen eintreten (vgl. Aufsatz des Verfassers W. T. 1908. S. 298). Um diese schädliche Wirkung der Hinterdrehung vollkommen zu beseitigen, müßte man sie so einrichten, daß der Steigungswinkel trotz der Durchmesserverringerung erhalten bleibt. Dies ist möglich, wenn man den Hinterdrehstahl während seiner radialen Bewegung entgegengesetzt der axialen Bewegung, also entgegengesetzt der Steigung des Schneckenganges verschiebt. Mit anderen Worten, wenn man die Steigung des abfallenden Rückens kontinuierlich verringert.

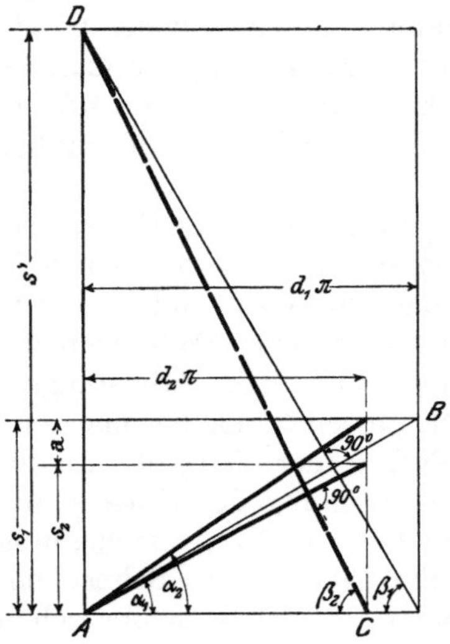

Ist in Fig. 47 $d_1 \pi$ der Umfang des Teilrißzylinders, s_1 die Steigung der mittleren Schraubenlinie, so ist α_1 der Steigungswinkel der letzteren auf dem Zylinder d_1. Die zugehörige Schraubenlinie der Schleiffläche läuft senkrecht zu AB, d. h. sie hat dann den Steigungswinkel β_1 und die Steigung S'. Beim Nachschleifen rückt die mittlere Schraubenlinie auf den Durchmesser d_2. Behält man bei der Hinterdrehung die Steigung s_1 bei, so hat alsdann die Schraubenlinie den Steigungswinkel α_2. Ebenso rückt die Schraubenlinie der Schleiffläche auf den Durchmesser d_2; da nun auch deren Steigung beibehalten wird, ändert sich ihr Steigungswinkel in β_2, d. h. die beiden Schraubenlinien verlaufen nicht mehr senkrecht zueinander, wodurch ja die erörterte Profilverzerrung verursacht wird. Will man letztere vermeiden, so muß die mittlere Schraubenlinie senkrecht zur Schraubenlinie CD verlaufen, d. h. man muß ihr für den Durchmesser d_2 die Steigung s_2 geben. Ist d_2 der kleinste Durchmesser der mittleren Schraubenlinie auf dem Zahnrücken, so muß man während der Hinterdrehung die Steigungsänderung von der Größe a vornehmen, damit die mittlere Schraubenlinie und die zugehörige Schraubenlinie der Schleiffläche immer senkrecht zueinander verlaufen. Dasselbe gilt für alle anderen Durchmesser des Fräserzahnes, für die allerdings schon im Anfangszustand keine rechten Winkel auftreten. Es bleibt also bei dieser Fräserkonstruktion der anfängliche Steigungswinkel erhalten (denn man kann natürlich bei der Konstruktion und der Einstellung des Fräsers in der Maschine immer nur einen, und zwar den mittleren Steigungswinkel berücksichtigen), und es kann immer dieselbe Schleifspirale benutzt werden.

Vorteilhafterweise wird man diese Änderung der Steigung durch ein Hinterschleifen, wie Fig. 48 andeutet, ausführen, denn die notwendige Seitenbearbeitung der Zahnflanke ist so klein, daß sie ohne Schwierigkeit von einer Schleifscheibe geleistet werden kann. Ist z. B. der Anfangsdurchmesser des Fräsers $D_1 = 55$ mm, der kleinste Durchmesser des Zahnrückens $D_2 = 50$ mm, die Steigung der Schleif-

Fig. 47.

spirale $S = 8000$ mm, so ist die Änderung der Steigung (Seitenverschiebung der Scheibe) $a = (D_1{}^2 - D_2{}^2) \dfrac{\pi^2}{S} = 0{,}65$ mm. Mit einer genügend kleinen Scheibe kann man, ohne Gefahr zu laufen die folgende Zahnschneide zu verletzen, die Flanke

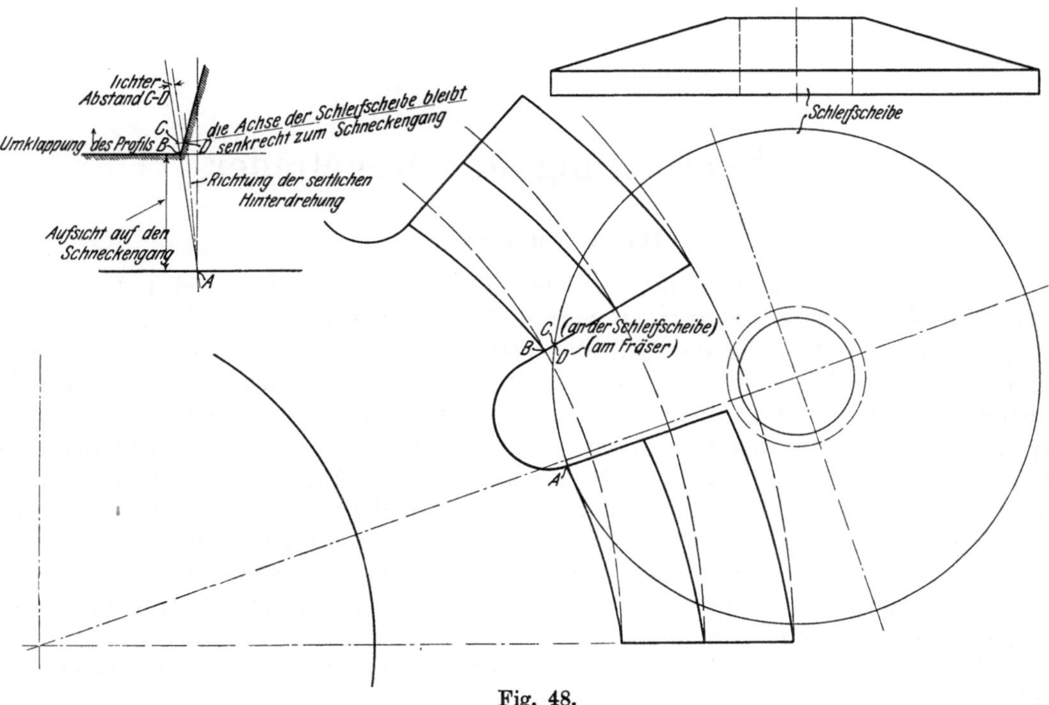

Fig. 48.

eines Zahnes bearbeiteten (Fig. 48). Das Profil der Schleifscheibe kann geradlinig sein (Kegelmantel) und gleichzeitig die Korrektion der Flanken zur Erzeugung eines genauen Evolventenprofils vornehmen. Auch wegen der Beseitigung der Härtefehler (Werfen der Zähne, Änderung der Teilung) wäre ein Hinterschleifen von großem Vorteil für die Güte des Werkzeugs.

Die Bearbeitung der Kegelräder.

Das Formverfahren.

Auch hier ist es zunächst, wie bei den Stirnrädern, nötig, sich Aufschluß über die Form der Zahnkurve zu verschaffen. Der Umstand, daß die Betrachtung der bei der Rollung der Teilrißflächen (Teilkegel) entstehenden Kurven auf einer Kugel geschehen muß — da sich ein auf einem Strahlmantel als erzeugend angenommener Punkt immer im gleichen Abstand von der festliegenden Kegelspitze also auf einer Kugel befindet — führt besonders auf dem Konstruktionsbrett zu Umständlichkeiten und Schwierigkeiten in der Darstellung. Möglich und dabei ziemlich einfach ist eine Berechnung mit Hilfe der sphärischen Trigonometrie, die weiter unten durchgeführt ist. Man bedient sich jedoch allgemein beim Zeichnen sphärischer Zahnkurven (der sphärischen Zykloide bzw. sphärischen Evolvente) einer Annäherung nach Tredgold, der auf Grund der folgenden Betrachtung die Kugelfläche durch eine abwickelbare Kegelfläche ersetzt.

Der praktisch ausgeführte Teil der sphärischen Zahnkurven (im folgenden soll als solche immer die sphärische Zykloorthoide d. i. die sphärische Evolvente gemeint sein, die durch ihre Entstehungsart — Rollung eines größten Kugelkreises auf einem Meridiankreise — der ebenen Evolvente entspricht) ist sehr klein, ihre sphärische Krümmung wird sich daher von der eines Kegels nur wenig unterscheiden, wenn letzterer tangential an den Teilkreis des Rades gelegt wird (Fig. 49). Wickelt man die Tangentialkegel zweier Kegelräder in die Ebene ab, so erhält man zwei Kreissektoren (Fig. 50), die wie zwei gewöhnliche Stirnräder miteinander kämmen und deren (ebene) Verzahnung man demnach auf die Kegelräder übertragen kann. In der Praxis bestimmt man auf diese Weise

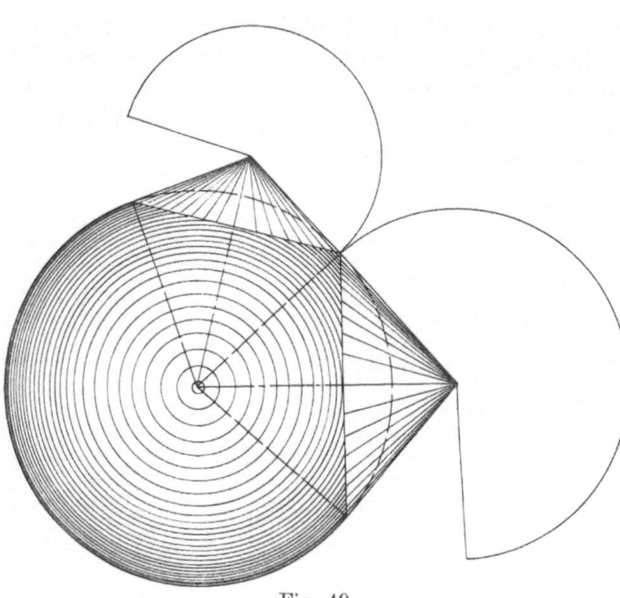

Fig. 49.

das äußere und das innere Zahnprofil (Fig. 50), um genügend Anhalt über die Form des Zahnkegels zu erhalten und danach die Form des Fräsers wählen zu können. Aber auch beim Hobeln der Kegelräder nach Schablone spielt diese Tredgoldsche Annäherung eine wichtige Rolle.

Über die Unterschiede der ebenen und der sphärischen Evolventen für die in Frage kommenden Strecken finden sich in der Literatur keine genauen Angaben. Man hat verschiedentlich versucht, den Ersatz zu rechtfertigen, ohne jedoch die wirklich auftretenden Fehler festzustellen.

Viel einfacher ist es, ein Urteil über die Abweichungen an Hand der Zeichnung abzugeben, die Darstellung ist in Fig. 51 und 52, S. 34 und 35 gegeben. Zunächst ist die sphärische Evolvente PP durch Rollen eines größten Kugelkreises KK auf dem Meridiankreise MM erzeugt. (Die Entstehung der Kurve ist am besten im Grundriß zu verfolgen, wo der rollende Kreis KK als Teil einer Ellipse vom Berührungspunkt mit dem Meridiankreis (MM) bis zum Kurvenpunkt gezeichnet ist. Für die Entstehung der Kurve gilt, daß der abgewickelte Bogen des Meridiankreises vom Anfangspunkt der Kurve bis zum Berührungspunkt des rollenden Kreises gleich dem Bogen des rollenden Kreises vom Berührungspunkt bis zum Kurvenpunkt ist). Der

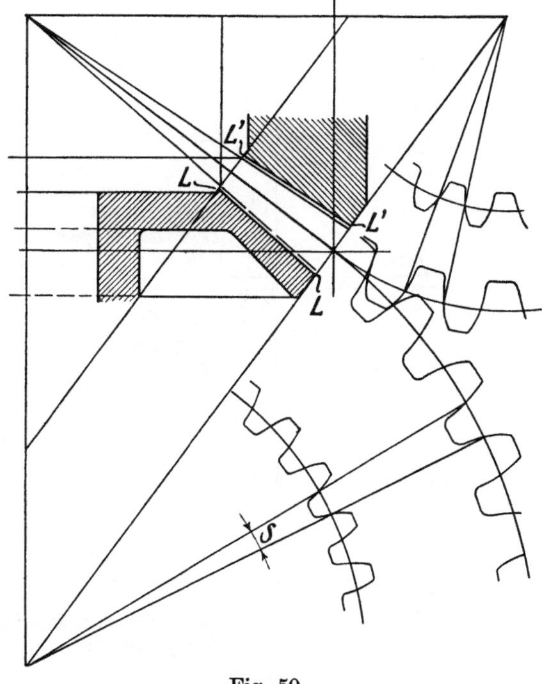

Fig. 50.

durch diese Kurve vom Kugelmittelpunkt aus gelegte Kegel (Zahnfläche) ist mit dem die Kugel im Teilkreis tangierenden Kegel (Ergänzungskegel) zum Schnitt gebracht und die entstehende Durchdringungskurve LL in die Ebene abgewickelt. Die ebene Evolvente EE nach der Tredgoldschen Annäherung ist zum Vergleich sinngemäß eingetragen. Es ergibt sich daraus ein Fehler von 0,3 mm für einen Zahn eines 35zähnigen Rades vom Modul 8.

Das Fräsen mit dem Zahnformfräser.

Der Bezug eines Zahnformfräsers von einer Werkzeugfabrik ist einfach und billig, und hat den Vorteil, daß er nur eine einfache Maschine nötig macht, daß man eventuell mit der Universalfräsmaschine auskommt, die ohnehin in den meisten Werkstätten vorhanden ist. Man bearbeitet daher auch Kegelräder mit dem Formfräser. Macht man auch die Einschränkung, nur kurze Zähne auf diese Art zu fräsen, so muß die Zahnform in Anbetracht des sich stetig verjüngenden Profils doch immer unzulänglich bleiben.

Für das Fräsen der Kegelräder mit dem Formfräser gibt es verschiedene Methoden, von denen zwei der gebräuchlichsten beschrieben seien. Man fräst z. B. die Lücke mit einem dem kleinsten Zahnprofil kongruenten Fräser vor, so daß die innere Seite die richtige Weite erhält und schneidet dann die Lücke am größten Durchmesser mit entsprechendem Fräser auf richtige Gestalt an. Dem dazwischenliegenden Teile des Zahnes wird durch Feilen von Hand die richtige Abrundung gegeben. Diese Arbeit ist teuer und zeitraubend, denn sie erfordert einen geschickten und sorgfältigen Arbeiter, da die fertig gefrästen Zahnstärken nicht angefeilt werden dürfen.

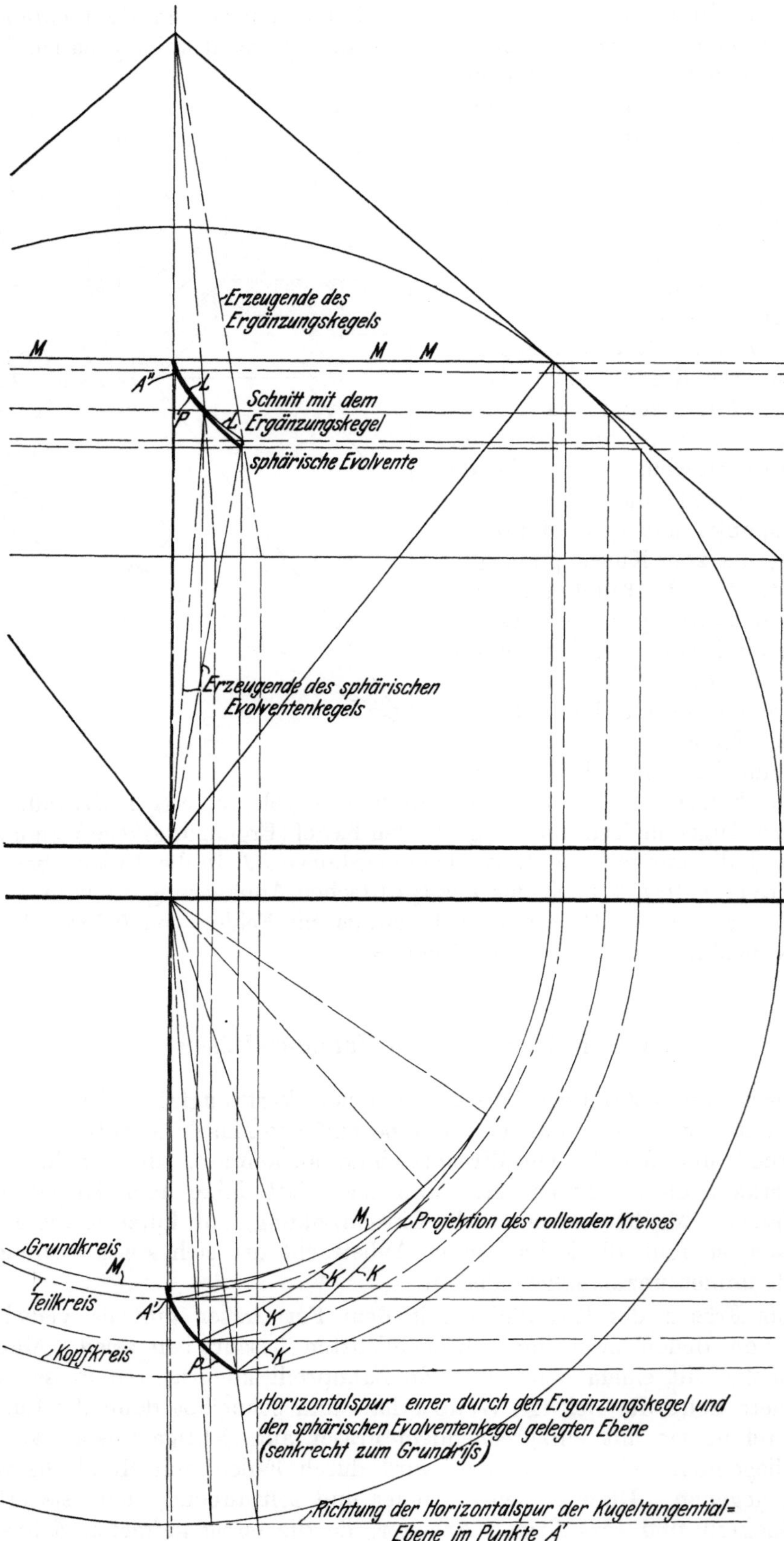

Fig. 51. Aufriß und Grundriß.

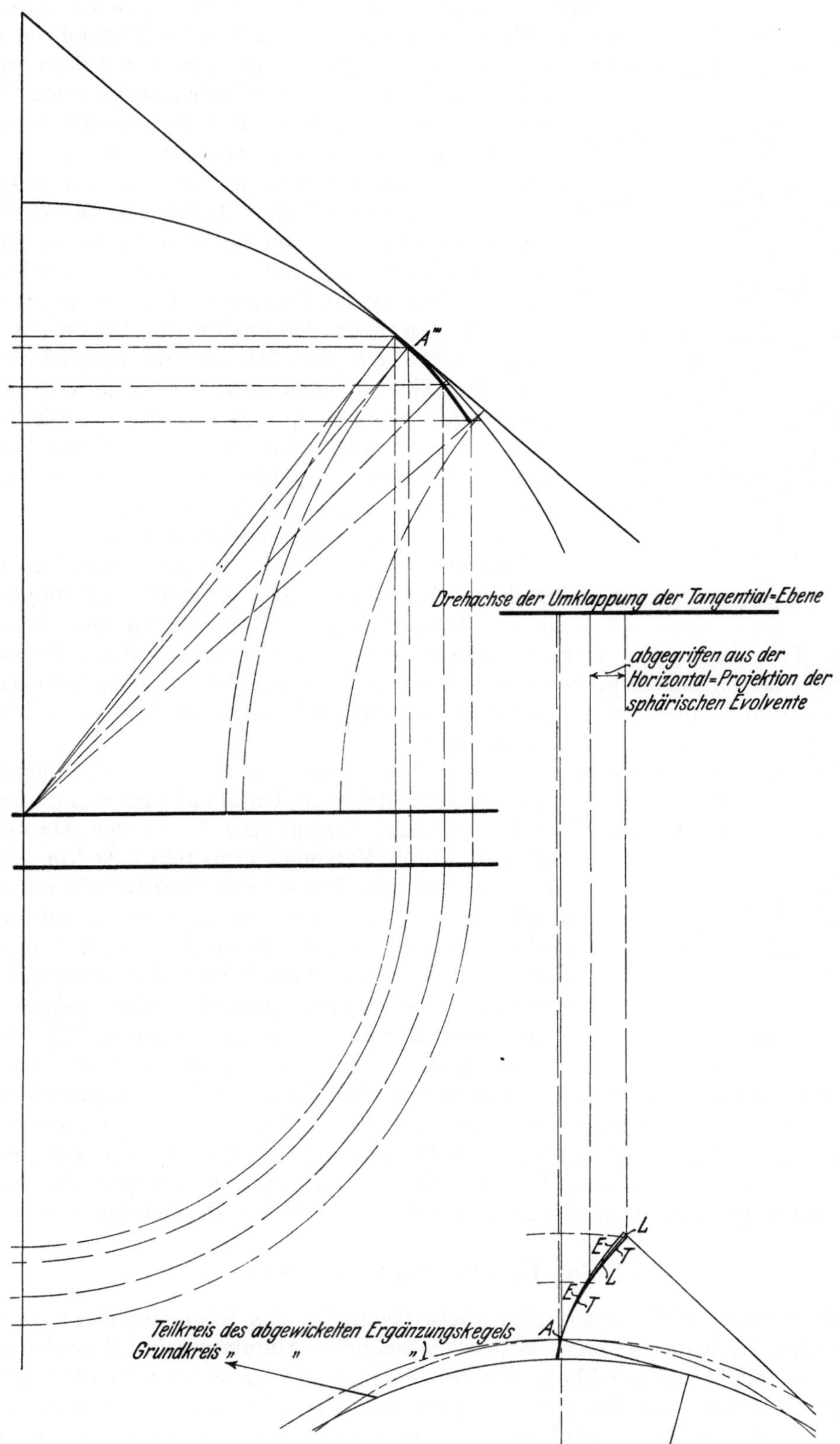

Fig. 52. Seitenriß und Umklappung.

Beliebter ist das Verfahren, den Zahn ganz auf der Maschine zu bearbeiten (vgl. Fig. 53). Der Fräser wird erst so eingestellt, daß seine Mittelebene durch die Achse des Rades geht und das Rad vorfräst, dann wird der Fräser so weit axial verschoben, daß der Teilrißpunkt seines Profils durch diese Ebene geht und dementsprechend das Arbeitsstück so gedreht, daß der Zahn im äußeren Teilkreis richtiges Profil, im inneren ein möglichst gut angenähertes erhält. Dabei ist natürlich jede Flanke einzeln zu fräsen unter sinngemäßer Einstellung von Werkzeug und Werkstück. Verschiebung und Verdrehung lassen sich in Fig. 53 leicht erkennen. Weil nun die Kopfkante des Fräsers in Richtung der Seite LL (Fig. 51) verläuft, so wird die Teillinie des Zahnes nicht von einem und demselben Punkt des Werkzeugprofils gestaltet, weshalb Versuchsschnitte nötig sind, um die richtige Stellung d. h. Verdrehung des Arbeitsstückes zu bestimmen. Dies muß mit großer Sorgfalt geschehen; überhaupt ist es ein Nachteil dieser Methode, daß es nur im Willen des Arbeiters liegt, ein gutes Resultat zu erreichen. Es sei schließlich bemerkt, daß ein gewöhnlicher Stirnradfräser nicht brauchbar ist, da er den inneren Teil der Lücke stark ausweiten würde; man fertigt deshalb Fräser von entsprechend kleiner Zahnbreite an. Diese werden auf der Universalfräsmaschine oder auch auf einer Spezialmaschine benutzt, wie sie z. B. Brown & Sharpe (Katalog über Werkzeugmaschinen) baut.

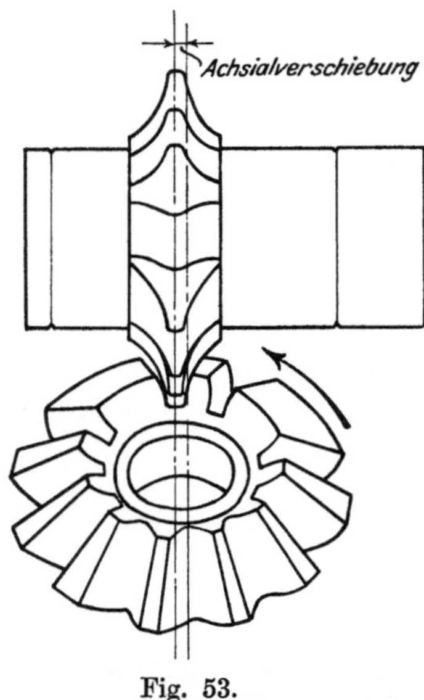

Fig. 53.

Eine theoretische Untersuchung der Bewegungsverhältnisse derartig verzahnter Räder ist wegen der umständlichen geometrischen Untersuchung nicht durchgeführt, sie würde besondere Ergebnisse nicht liefern. Die Größe der Abweichung läßt sich durch Versuche ermitteln. Dahin zielende Arbeiten sind von Jones und Goddard[1]) angestellt, durch die die günstigste Annäherung an die theoretische Form, die überhaupt erreichbar ist, festgestellt wurde. Wie wenig diese Räder den Anforderungen einer guten Verzahnung gerecht werden, zeigt die geringe tragende Flanke, die sie besitzen, Fig. 54, und die an einem ausgeführtem Rade auftrat. Ihre Gestalt wird ihnen, wie dies bei ungenauen Zahnflanken erfahrungsgemäß immer der Fall ist, nur eine kurze Lebensdauer gewähren. Auch ist es nicht verwunderlich, daß diese Räder schon bei einer Umfangsgeschwindigkeit von 2 m pro Sek. mit sehr starkem Geräusch laufen. Sie unterscheiden sich eigentlich von unbearbeiteten gegossenen Rädern nur durch ihre höheren Herstellungskosten.

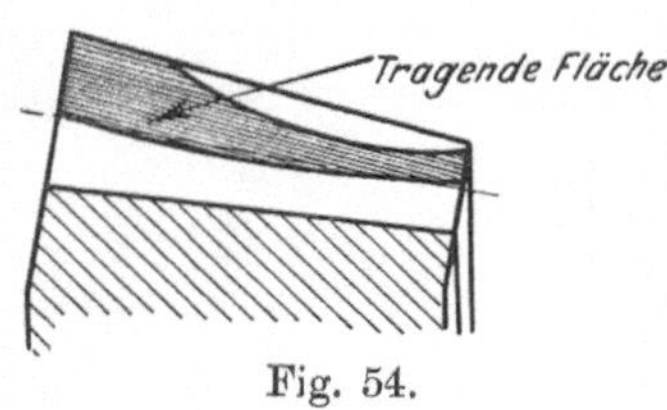

Fig. 54.

Das Hobeln nach Schablone.

Selbstverständlich lassen sich diese Nachteile des Kegelradfräsens nicht in allen Fällen in Kauf nehmen. Schon die schnelle Abnutzung im Betriebe macht die Räder vielfach unbrauchbar. Wo daher Kegelräder in größerer Menge bearbeitet werden sollen und von ihnen ruhiger Lauf verlangt wird, ist eine Spezialmaschine immer am Platze. Meist wird wegen ihrer einfacheren Bedienung eine Maschine bevorzugt, die die Zahnflanken von einer Schablone abformt.

---

[1]) Transactions of the Am. Soc. of Mech. Eng. 1897. S. 75.

Die bequeme Abbildung einer solchen Führungsschiene als Vergrößerung des Zahnprofils ist bereits erwähnt; sie wird in der Maschine in der Erweiterung der Zahnfläche also auf dem Zahnkegel liegend angebracht, Fig. 55; zur Erzeugung der Zahnbreitenlinien ist dann nur ein hin und her gehender Hobelstahl nötig. Die Anwendung eines Fräsers ist auch versucht, jedoch ohne große praktische Bedeutung geblieben.

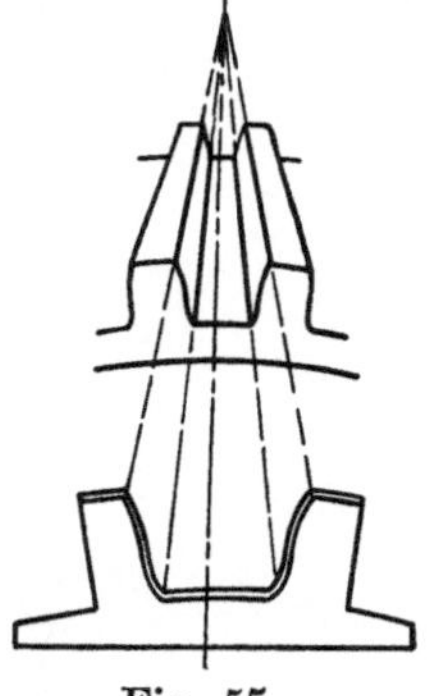

Fig. 55.

Die Ausführung der Schablone müßte dem sphärischen Charakter der Kegelzahnkurven entsprechend als Kugelschale erfolgen. Die schwierige Herstellung einer solchen Form kann man umgehen, wenn man im Berührungspunkt der Teilrisse an die Kugel eine Tangentialebene legt und die Zahnfläche (Evolventenkegel) mit ihr zum Schnitt bringt, Fig. 55. Auf diese Weise erhält man eine genaue werkstattstechnisch ohne Schwierigkeit herzustellende Schablone. Gewöhnlich zeichnet man aber die Zahnflanken nach der Tredgoldschen Annäherung als ebene Kurven, deren Vergrößerung durch die Entfernung von der Kegelspitze bestimmt ist und arbeitet die Lehre nach der Übertragung auf ein ebenes Blech von Hand aus oder man dreht sie auf der Drehbank.

Die Abweichungen der ebenen Evolvente von der Schnittkurve der sphärischen Evolvente mit einer im Teilrißpunkt an sie gelegten Ebene ist in Fig. 52 aus dem Vergleich der letzteren (TT) mit der ersteren (EE) zu ersehen. Danach sind die Fehler recht erheblich. Zum besseren Vergleich sei im folgenden eine genaue Berechnung der Unterschiede durchgeführt.

In Fig. 56 sei Punkt P der Kopfpunkt (Kopfkante des Zahnes) der sphärischen Evolvente auf der Kugel. Im Teilrißpunkt B ist an die Kugel die Tangentialebene gelegt und der Strahl MP (Zahnbreitenlinie) mit dieser Ebene zum Schnitt gebracht (Punkt P_1). Die ausgezogene Kurve

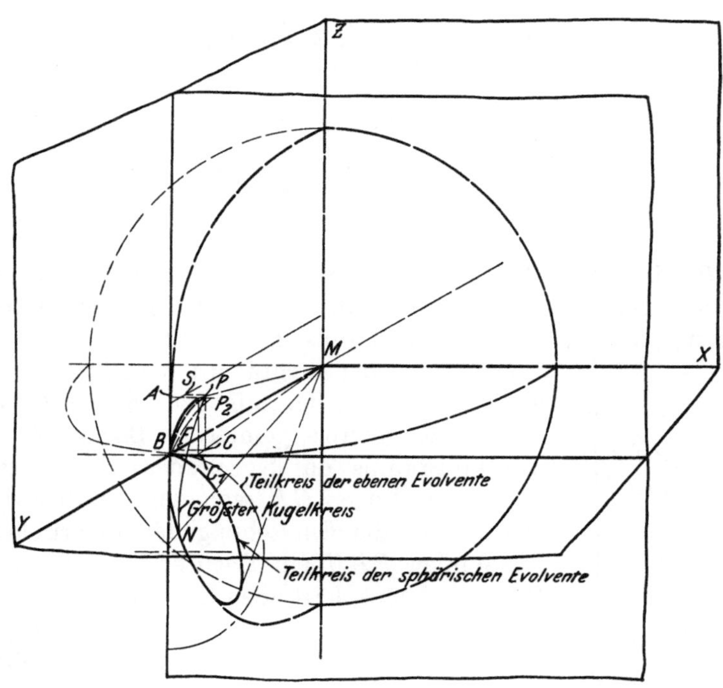

Fig. 56.

BP_1 entspricht dann der Kurve, nach der die Schablone theoretisch auszubilden wäre. Durch Punkt B ist in der Tangentialebene der Teilkreis des Ergänzungskegels gelegt (Tredgoldsche Annäherung) und für diesen die ebene Evolvente konstruiert (Kurve BP_2). Die Differenz der Entfernung der beiden Punkte P_1 und P_2 von Linie BA ist dann der in die Schablone aufgenommene Fehler.

Die Berechnung der Strecke AP_2 aus der Gleichung der ebenen Evolvente ist ohne weiteres möglich. Zur Feststellung der Größe AP_1 berechnet man zunächst die Ordinate CP, vergrößert sie im Verhältnis $MC:MC_1$, Fig. 56, und erhält dann mit Hilfe von Winkel BMC die Strecke $BC_1 = AP_1$. Dies kann aus der Entstehung der sphärischen Evolvente abgeleitet werden. Es sei in Fig. 57

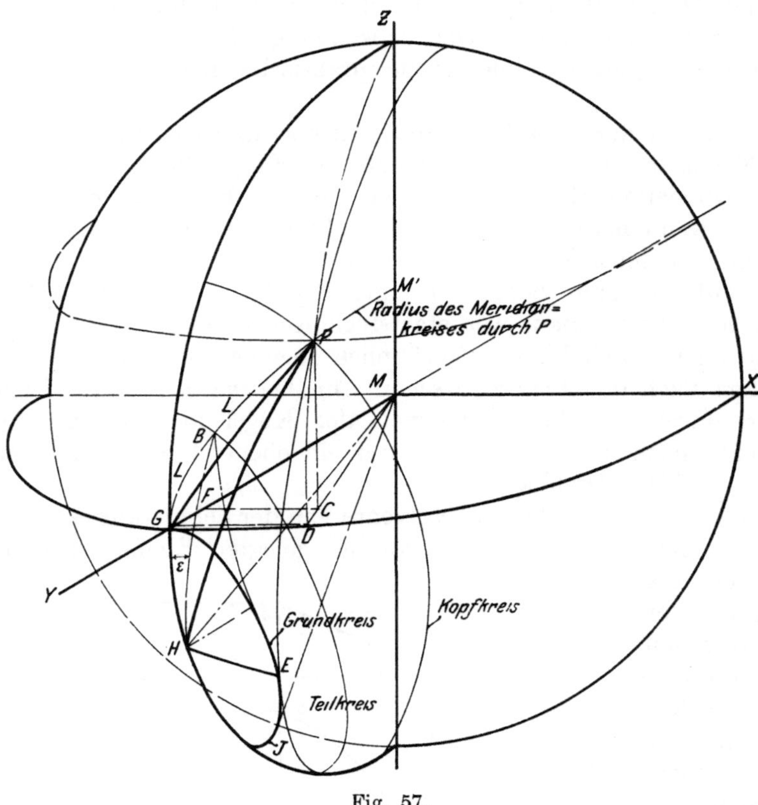

Fig. 57.

CP wieder die Ordinate des Kopfpunktes der am Zahn auszubildenden Evolvente. Der Kreis, von dem die Abwicklung erfolge (Grundkreis) sei GEJ, mit dem Mittelpunkt H und dem Radius $HG = HE$, der sich aus Teilkreisradius mal cos 15^0, wie bei Stirnrädern berechnet. PE sei ein Teil des größten Kugelkreises, der auf dem Kreise GEJ wälzt. Der auf einem größten Kugelkreis gemessene Bogen HP ist dann der sphärische Kopfkreisradius des Kegelrades. Der abgewickelte Bogen PE ist gleich dem Bogen GE, von dem er abgewickelt ist, was ja Voraussetzung für die Entstehung der sphärischen Evolvente $GLLP$ ist. Da Winkel PEH ein Rechter ist, läßt sich die Länge des Bogens PE aus dem sphärischen Dreieck HEP (Fig. 58) berechnen, es ist:

Fig. 58.

$$\cos PE = \frac{\cos HP}{\cos HE}$$

die Länge des Bogens PE ist gleich der Länge des Bogens GE, der zum Kreise vom Radius HG (Grundkreisradius) gehört. Damit läßt sich die Größe des Winkels GHE feststellen. Aus Dreieck HPE folgt ferner, daß

$$\sin PHE = \frac{\sin PE}{\sin HP}$$

so daß man aus der Differenz der beiden berechneten Winkel

$$GHE - PHE$$

den Winkel GHP erhält.

Führt man dieselbe Rechnung für den Punkt B (Fig. 57) durch, in welchem die sphärische Evolvente den Teilkreis des Kegelrades schneidet, so erhält man den Winkel $GHB = \varepsilon$. Der Unterschied der beiden Winkel GHP und $GHB = \varepsilon$ entspricht dann dem Winkel BNP der Fig. 56, da ja B der Teilrißpunkt war.

Legt man durch Punkt P in Fig. 57 eine Ebene senkrecht zur Kegelachse MH, so erhält man einen Kreis, Fig. 59, dessen Radius OP gleich dem größten Kopfkreisradius des Kegelrades ist. Ist in Fig. 59 Punkt K der Teilrißpunkt der zu Punkt P gehörigen Zahnflanke, so ist Winkel KOP gleich Winkel BHP und Strecke PR gleich dem Abstand CF $(=PS)$ des Punk-

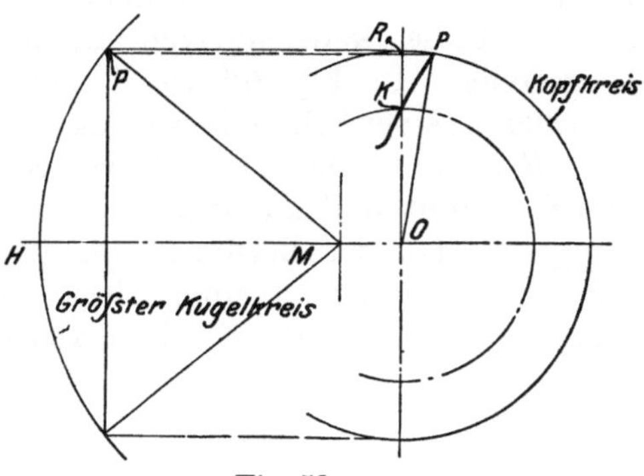

Fig. 59.

tes P von der YZ-Ebene in der Fig. 57. Da OP bekannt, so ist $PR = OP \sin ROP$. Da sich ferner (Fig. 56) $MC = M'P$ (Fig. 57) als Radius des Meridiankreises durch P berechnen läßt, also als bekannt anzusehen ist und MP gleich dem Kugelradius also auch bekannt ist, so folgt (Fig. 56)

$$A P_1 = B C_1 = \frac{M P_1}{M P} \times P S.$$

Um die Strecke $A P_2$ aus den Gleichungen der Evolvente

$$x = a \cos t + a t \sin t; \quad y = a \sin t - a t \cos t$$

berechnen zu können, wenn a der Radius des Grundkreises gleich Teilkreisradius mal Cosinus des Eingriffswinkels ist, muß die Entfernung AB, Fig. 56 (Abszisse der Evolvente) bekannt sein; und zwar ist $AB = RK$ (Fig. 59) RO — Teilkreisradius $= OP \cos ROP$ — Teilkreisradius, wobei RK im Verhältnis $MC : MC_1$ zu vergrößern ist.

Für ein Rad vom Modul 8, 35 Zähne, Spitzenwinkel des Teilrißkegels 45 Grad, ergibt sich die Strecke $A P_1$ zu 2,736 mm, für die ebene Evolvente $A P_2$ zu 1,815 mm. Die Abweichung beträgt also 0,921 mm; sie ist recht bedeutend und ließe sich bei der Ausarbeitung der vergrößerten Kurve sehr wohl berücksichtigen. Jedenfalls sieht man, daß es zwecklos ist, die Vorlage als ebene Zahnkurve mit aller möglichen Genauigkeit aufzureißen und sie dann unter großer Schwierigkeit genau auszuarbeiten. Die zusätzlichen geringen Bearbeitungsfehler bei Erleichterung des Zeichnens und Bearbeitens würden gar keine Rolle spielen.

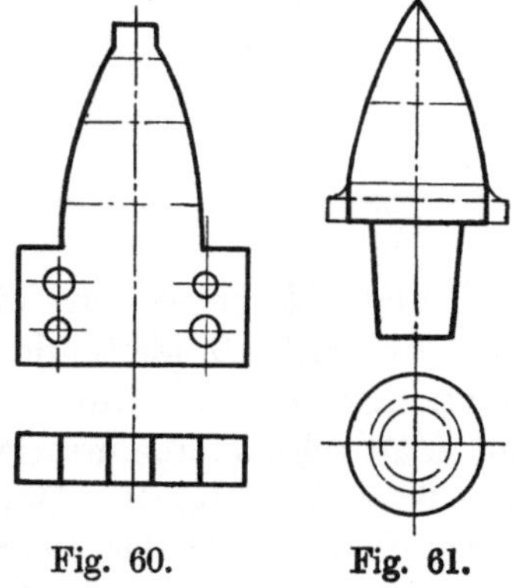

Fig. 60.   Fig. 61.

Die Lehre wird entweder, wie Fig. 60 zeigt, aus Blech hergestellt oder man dreht sie wie Fig. 61 auf der Drehbank, je nachdem es die Maschine, in der sie verwendet werden soll, verlangt.

Die Maschinen zum Hobeln nach Schablone.

Die Kegelradhobelmaschinen, die nach Schablone arbeiten, scheiden sich in zwei Gruppen. Bei der einen Art setzt man das Arbeitsstück still und gibt dem Werkzeug neben der Schnittbewegung auch die Vorschubbewegung in Gestalt der räumlichen Lagenänderung nach der Schablone; bei der zweiten Gruppe hat das Werkzeug nur die Schnittbewegung (hin und her gehender Hobelstahl), während man dem Arbeitsstück die erforderliche Kurvenbewegung erteilt. Diese konstruktiven Lösungen sind in Fig. 62 und 63 schematisch dargestellt. In Fig. 62 ist A der Hobelstahl, der auf der Gleitbahn B entsprechend seiner Schnittbewegung in Richtung der Zahnerzeugenden verschiebbar ist. B ist mit einer Rolle C versehen, die auf der Führungsschiene (Zahnschablone) F rollt und auf diese Weise die Gleitbahn B in die verschiedenen Lagen bringt, so daß der Berührungspunkt der Rolle, die Schneide und die Spitze des Zahnkegels immer in einer Linie liegen. Dazu ist B um E horizontal und vertikal drehbar. Bei der zweiten Ausführung, Fig. 63, ist der Hobelstahl A nur in

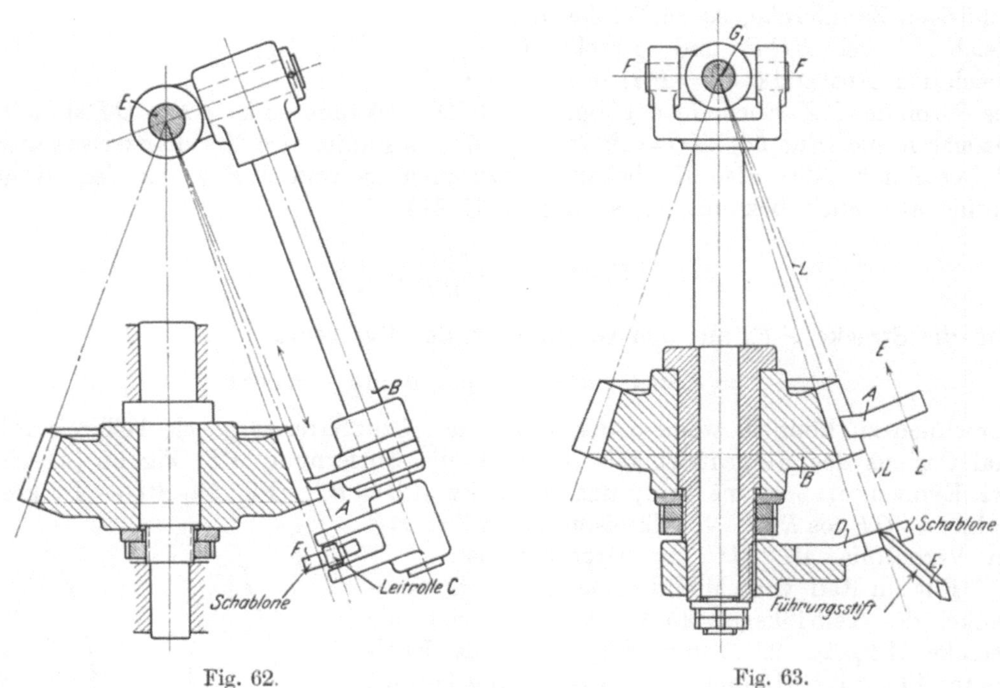

Fig. 62.Fig. 63.

Richtung EE beweglich, während das Werkrad B, durch die mit ihm verbundene und am Stift E gleitende Lehre D geführt die räumliche Lagenänderung ausführt, d. h. die Zahnkurve beschreibt. Das Werkrad ist dazu um die Achsen FF und GG drehbar; die mit der Arbeitsspindel fest verbundene Schablone wird durch eine besondere Kraft (Gewicht oder Feder) gegen den Stift E gedrückt. Das Werkrad ist nach der Bearbeitung einer Flanke auf der Spindel um eine Zahnteilung weiterzudrehen. Die in den deutschen Maschinenwerkstätten am häufigsten vorkommenden Schablonen-Hobelmaschinen sind die von Oerlikon, Schweiz, und von Gleason, Rochester U. S. A. Letztere arbeitet nach dem Prinzip der Fig. 62, die Oerlikon-Maschine nach Fig. 63. Da die Einrichtung der Maschine für ein Arbeitsstück bei beiden von gleichen Gesichtspunkten ausgeht, so sei es gestattet im folgenden nur die Einrichtung der Oerlikon-Maschinen näher zu erläutern.

Ehe darauf eingegangen wird, soll kurz die Konstruktion der Maschine Fig. 64, 65, 66 besprochen werden. Auf dem Sockel A, Fig. 64, ist ein Oberteil aufgeschraubt, das einerseits als Stützung der horizontalen Gleitbahn B des Werkzeugsupportes und der Antriebsmechanismen, Fig. 66, dient; andrerseits mittels zweier Arme RR die um die zur Gleitbahn B senkrechten Lager FF drehbare

Aufspannvorrichtung D trägt. Das Werkzeug wird von der Riemenscheibe S aus durch Kurbelscheibe und Schwinge bewegt. Die Aufspannvorrichtung besteht aus der drehbaren Arbeitsspindel D, deren Achse senkrecht zur Richtung FF ist und

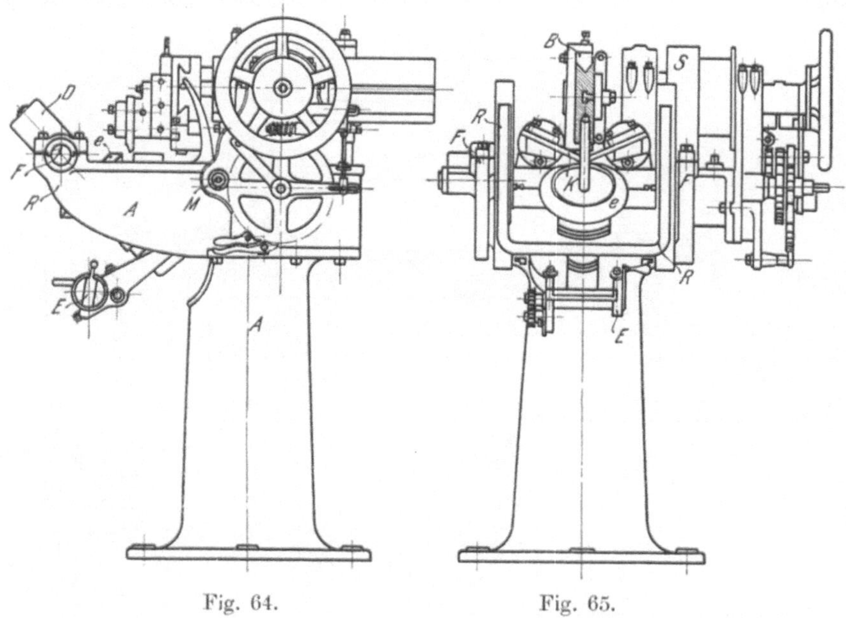

Fig. 64.   Fig. 65.

auf der das Arbeitsstück e festgespannt wird. Auf ihr befindet sich außerdem der Teilapparat E und der Bogenhebel mit der Zahnschablone H. Dieser Bogenhebel wird durch eine seitlich ziehende Feder gegen einen am Gestell der Maschine verschraubten Führungsstift K gedrückt. Die ganze Aufspannvorrichtung ist um die Lager FF mittels der Zahnradbögen GG drehbar, letztere werden durch die Ritzel MM bewegt. Die doppelte Drehbarkeit des Arbeitsstückes (um FF und um D) bei der Bewegung der Zahnradbögen ist geregelt durch das Gewicht der Aufspannvorrichtung und durch die Feder. Es ist klar, daß die letztere, weil ein großer Teil des Arbeitsdruckes gegen sie gerichtet ist, keine genaue Anlage am Führungsstift sichern kann.

Da das Arbeitsstück in seinen Abmessungen (Durchmesser, Winkel etc.) genau gedreht ist, so ist ohne weiteres einleuchtend, daß bei der Einrichtung der Maschine für ein Arbeitsstück das Hauptgewicht darauf zu legen ist, die in ihren

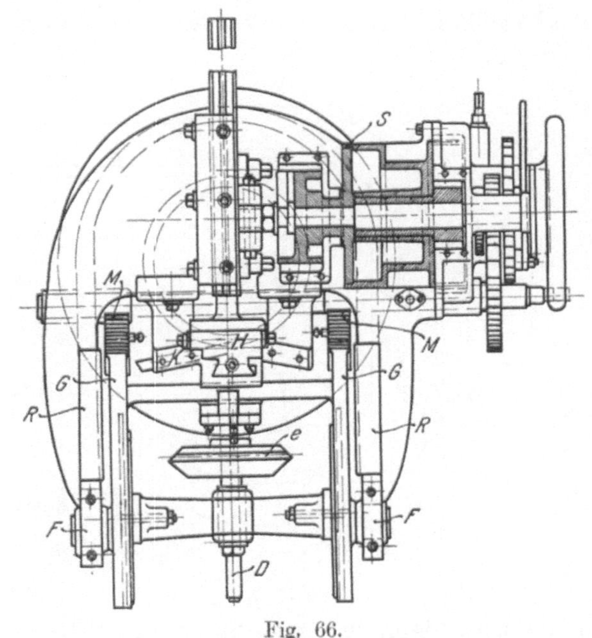

Fig. 66.

Abmessungen ebenfalls festgelegte Schablone, in die richtige Lage zum Werkrad zu bringen. Dies geschieht auf folgende Weise: Zunächst wird der Hobelstahl so eingestellt, daß der die Zahnkurve gestaltende Punkt genau durch die Mittelebene der Maschine geht, das ist eine Ebene, durch Achse DD, senkrecht zu FF. Dies wird erreicht, indem man eine Lehre auf das Bett der Maschine legt, auf der durch einen Riß die Richtung der Ebene angegeben ist; diesen Riß muß die Schneide tangieren. Natürlich ist eine derartige Einrichtung nicht absolut genau,

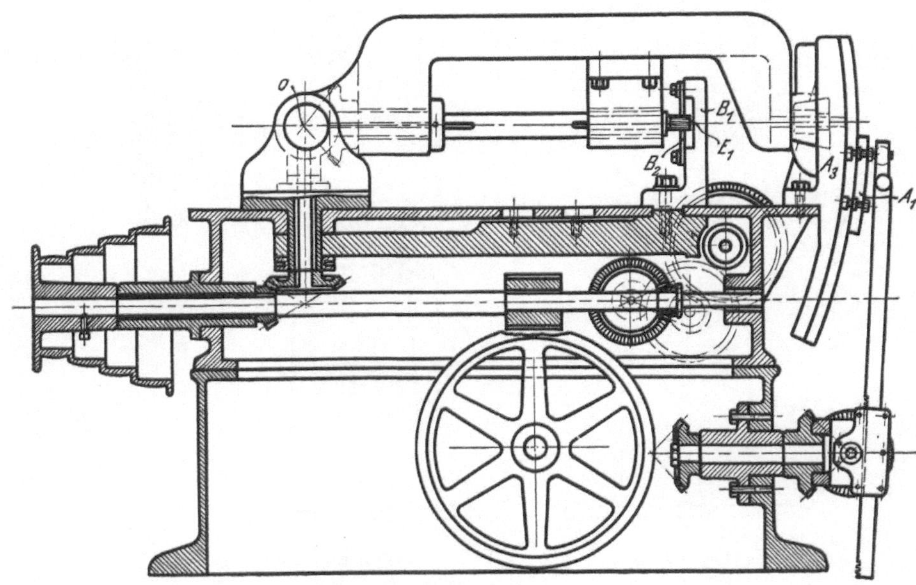

Fig. 67.

die Genauigkeit ist vielmehr ganz dem Auge und der Sorgfalt des Arbeiters überlassen. Alsdann wird das Arbeitsstück auf die Arbeitsspindel gebracht und der Support mit dem Arbeitsstück, Fig. 63, in einer solchen Schräge eingestellt, daß die Kegellinie LL des Werkrades vom Hobelstahl gerade berührt wird. Die Scha-

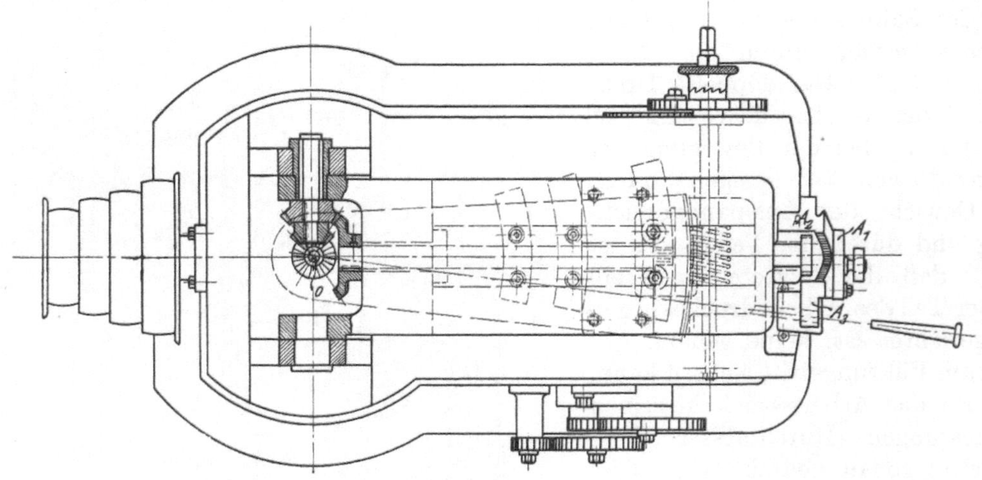

Fig. 68.

blone wird dann in einer durch Passtifte oder dgl. bestimmten Lage befestigt, die so bestimmt ist, daß in dieser Stellung, gerade der Kopfpunkt der Zahnflanke an der Schablone vom Führungsstift E, Fig. 63, berührt wird. Es sei darauf aufmerksam gemacht, daß die Einstellung des Arbeitsstückes von seinem Kopfkegel (Außenwinkel) abhängt, daß dieser also sehr genau gedreht sein muß, wenn nicht eine Verlegung des Profils eintreten soll. Das Verfahren entspricht also ganz dem Fräsen der Stirnfräser mit dem Formfräser, wo auch die Einstellung des Fräsers auf richtige Entfernung von der Radmitte abhängt vom Außendurchmesser des Rades. Die Ähnlichkeit beider besteht auch weiterhin.

Die Zahnform der Kegelräder ändert sich mit der Zähnezahl und dem Teilkegelwinkel; eine genaue Zahnbearbeitung erfordert demnach eine außerordentlich große Zahl von Schablonen und die Festlegung eines großen Kapitals. Diese Kosten spart man, indem man wie beim Stirnradfräsen eine Zahnform für gleiche Zähnezahl und anderen Teilkegelwinkel oder gleichen Teilkegelwinkel und andere Zähnezahl verwendet. Nur muß man damit vorsichtig sein, denn die oben berechneten Fehler in den gebräuchlichen Schablonen sind schon so bedeutend, daß eine weitere Vergrößerung ohne genaue Beobachtung des Resultates nicht möglich ist. Der Arbeiter nimmt dann gewöhnlich nicht die genauen Abmessungen des Arbeitsstückes für die Einrichtung der Maschine, sondern benutzt einen anderen Außenwinkel, den er sich aus seiner Erfahrung bestimmt. Vielfach hobelt er erst ein Rad des Paares fertig und ändert dann die Einstellung des zweiten solange, bis beide Räder ordentlich miteinander kämmen, wozu ihm meist eine besondere Prüfmaschine zur Verfügung steht. Dann hat er für spätere Fälle genauen Anhalt; meist aber wird das Probieren nicht ohne Ausschuß abgehen. Jedenfalls ist dies Verfahren schwierig, zeitraubend und teuer und rechtfertigt die Forderung der Werkstatt, daß sich die Konstrukteure beim Entwerfen nach den vorhandenen Zahnschablonen richten sollen. Der Vorschlag, die Schablonen in gleichen Winkel-, bzw. Zähnezahlbereichen wie die Formfräser zu benutzen, ist aus gleichem Grunde zu verwerfen. Es würden sich hier die Abweichungen der ebenen von den sphärischen Evolventen und der ebenen Evolventen untereinander summieren (vgl. S. 39), also ganz unzulässig groß werden.

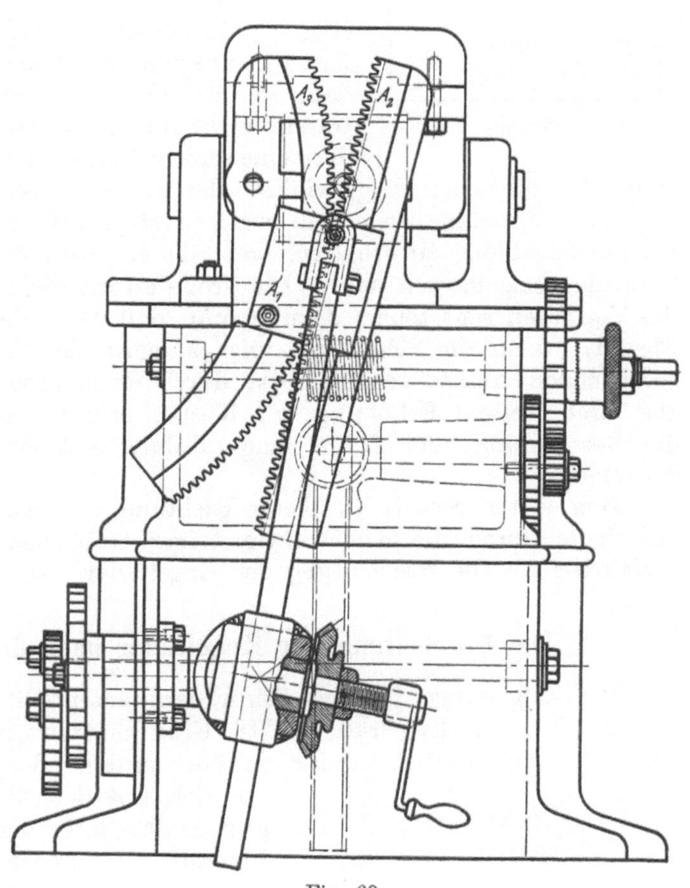

Fig. 69.

Die bedeutendsten Vertreter der Schablonen-Hobelmaschinen, die Gleason Works, Rochester, haben schließlich Maschinen zur Herstellung von Schablonen entworfen, um den Übelstand der ungenauen Schablonen zu beseitigen. In Fig. 67, 68, 69 ist eine solche Maschine dargestellt. Sie ahmt die Rollung eines größten Kugelkreises auf dem Grundkreise des zu verzahnenden Rades zwecks Erzeugung der sphärischen Evolvente nach. Der Kugelmittelpunkt ist in der

Maschine der Punkt O, zu ihm konzentrisch angeordnet ist der Grundkreis A_3 und der größte Kugelkreis A_2, beide sind als Zahnradsegmente ausgebildet. A_2 ist am Gestell der Maschine verschraubt, während sich A_3 auf A_2 wälzen kann durch Gleiten der Führungsplatte A_1 auf den mit Prismenführung ausgestatteten Rücken der Segmente. Es ist klar, daß bei dieser Wälzung von jedem Punkt

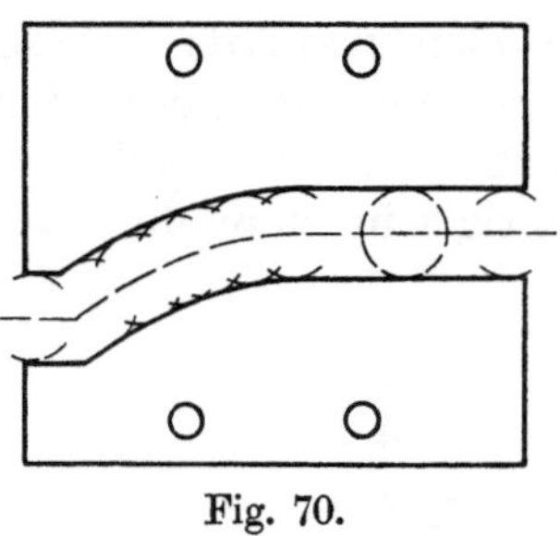

Fig. 70.

des Grundkreises A_3 eine sphärische Evolvente beschrieben wird, bzw. von jedem Radius ein Kegel mit dieser Grundlinie, d. h. eine Kegelzahnfläche. Diese benutzt man, indem man auf einer Linie vom Kugelmittelpunkt O nach dem Teilkreis des Zahnradsegmentes A_3 mit letzterem festverbunden einen Walzenfräser E_1 anbringt (Fig. 67), in dessen Arbeitsbereich man am Block B_1 das Blech B_2 anschraubt. Beim Rollen von A_3 über A_2 wird dann der Fräser aus B_2 eine sphärische Evolvente ausfräsen; nicht die eigentliche vergrößerte Zahnkurve, sondern eine seinem Radius entsprechend zu ihr äquidistante (Fig. 70), für jeden Kegelwinkel oder für jede Zähnezahl also andere Segmente.

Diese Maschine zeigt, zu welchen Hilfsmitteln man greifen muß, um eine genaue Schablone zu erhalten, und gibt ein Bild von der Bedeutung, die dieser Tatsache beigemessen wird. Die große erforderliche Zahl von Schablonen macht das Verfahren sehr teuer; dazu kommt, daß das Hobeln des Zahnfußes (Hohlkehle, Fig. 61), wenn die Schablone, wie es meist der Fall ist, nicht mit einem entsprechenden Ansatz versehen ist, durch einen besonderen Stahl geschehen muß, also eine weitere Erhöhung der Kosten bringt. Es lag daher auch hier nahe, die Bearbeitung aller Zähne einer Teilung mit einem einfachen Werkzeuge zu erstreben.

Den ersten Schritt in dieser Richtung tat Hugo Bilgram im Jahre 1885 und legte durch die Konstruktion einer Hobelmaschine das Prinzip des Wälzverfahrens für die Bearbeitung der Kegelräder fest.

Die Bearbeitung der Kegelräder nach dem Wälzverfahren.

Der Zahnstange bei den Stirnrädern entspricht das Planrad bei den Kegelrädern, d. i. das Kegelrad mit 180 Grad Spitzenwinkel (Fig. 71), auch Kronrad genannt. Nun werden zwei Kegelräder miteinander richtig kämmen, wenn jedes

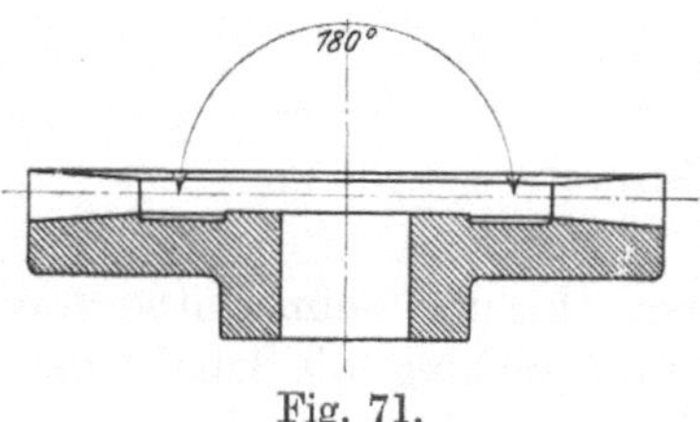

Fig. 71.

für sich mit dem Planrad im theoretischen Eingriff läuft (Satzradeigenschaft). Gibt man dem Planrad, entsprechend der Zahnstange bei der Stirnradverzahnung Zähne mit Ebenen als Flanken, so lassen sich diese auf einfache Weise von einem Werkzeug darstellen, denn man braucht einem Hobelstahl mit gerader Schneide nur eine Bewegung auf einer Linie durch die Kegelspitze zu geben (Linie LL, Fig. 72). Die Zahnkurve des Planrades ist dann, da ja die Betrachtung auf einer Kugel geschehen muß, das Stück eines größten Kugelkreises. Man nimmt diesen Kreis KK bei der praktischen Ausführung unter 75 Grad gegen den Teilkreis TT geneigt an (wie die Gerade der Zahnstange). Konstruiert man aber die zu dieser Zahnkurve des Planrades gehörige Eingriffslinie (Fig. 72), so ergibt sich eine Kugellemniskate, also nicht ein größter Kugelkreis, wie es die sphärische Evolvente verlangt. D. h. die zu einem Planrad mit ebenen Zahnflächen gehörigen Zahnkurven sind keine Evolventen. Die achtförmige Gestalt der Eingriffslinie hat dieser Verzahnungsart den Namen „Oktoidsystem" verschafft. Daß ein größter Kugelkreis als Planradzahnkurve theoretisch richtige Zahnkurven ergibt, folgt aus der Be-

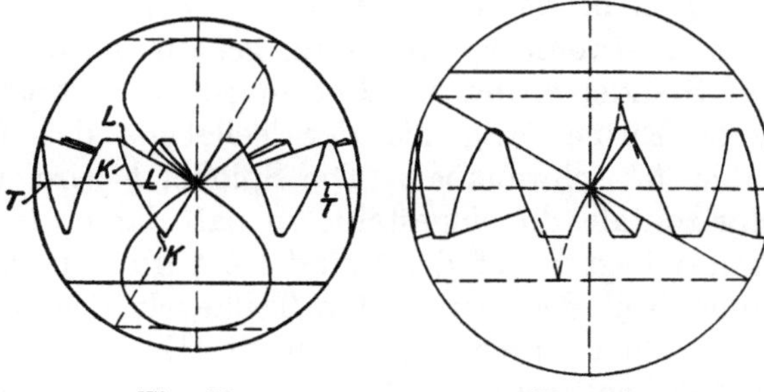

Fig. 72.   Fig. 73.

dingung für die Satzradeigenschaft des Planrades, daß nämlich die Zahnkurve symmetrisch zur Linie, die senkrecht zum Teilriß durch den Teilrißpunkt geht, liegen muß. Zum Vergleich ist in Fig. 73 mit der Kurve des Oktoidsystems die zu einem größten Kugelkreis als Eingriffslinie gehörige Evolvente des Planrades gezeichnet, die sich als doppelt gekrümmte Kurve ergibt, die also als Form der Werkzeugschneide für das Planrad ungeeignet ist.

Die Bearbeitung der Zahnflanken erfordert neben der Schnittbewegung des Werkzeugs die Ausführung der Wälzung von Arbeitsstück und dem ideellen zum Werkzeug gehörenden Planrad. In der konstruktiven Durchbildung von Werkzeug- und Wälzbewegung liegen die Unterschiede der hier zu behandelnden Maschinen,

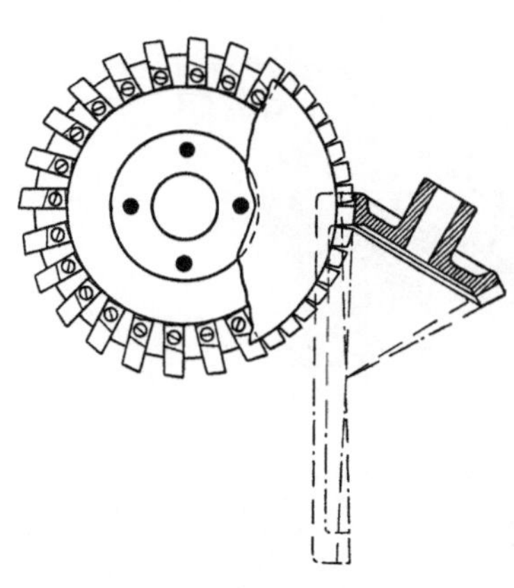

von denen die Bilgram-, die Gleason- und die Warren-Maschine beschrieben werden sollen. Erwähnt sei noch die Kegelrad-fräsmaschine von Brown & Sharpe, Providence, von Beale konstruiert, die eine allgemeine Anwendung bisher nicht erlangt hat. Die Werkzeuge, zwei Messerköpfe, stellen einen Planradzahn dar (Fig. 74), sie haben keine Vorschubbewegung; das Arbeitsstück wird an diesem Zahn vorbeigerollt, so daß immer eine ganze Zahnlücke unter Schnitt steht. Da die Fräser keine Schnittbewegung auf die Kegelspitze zu

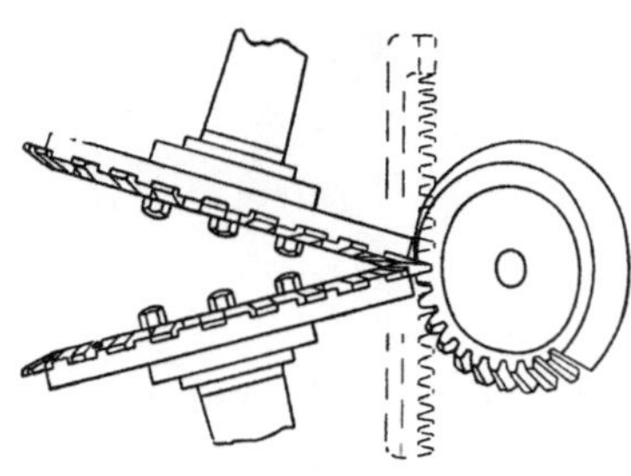

Fig. 74.

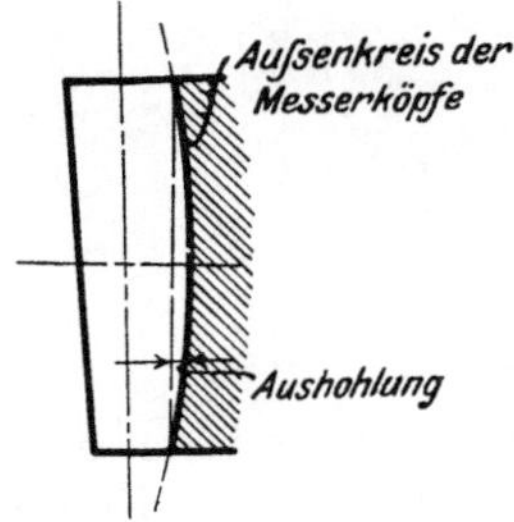

Fig. 75.

haben, darf die Zahnbreite nur gering sein, weil sonst der Zahngrund zu tief ausgehöhlt wird (Fig. 75). Darin liegt die beschränkte Verwendungsfähigkeit dieser Maschine und der Grund, warum sie sich schwer in die Praxis einführen läßt.

Es sei im folgenden auf die konstruktive Durchbildung der Maschinen nur soweit eingegangen, als es für die Erklärung der Zahnflankenerzeugung in der Maschine nötig ist. Die in Frage kommenden Mechanismen sind zu diesem Zweck von ihrem Umbau getrennt schematisch aufgezeichnet. Daran soll gezeigt werden, welche Fehler mit der Arbeitsweise verbunden sind.

Die Bilgram-Maschine.

Den besten Ruf besitzt zur Zeit die Bilgram-Maschine (Fig. 76), die von
J. E. Reinecker, Chemnitz, gebaut wird. Das Arbeitsstück a (Fig. 77) wird auf
der Spindel b und am Führungsbock e festgespannt und ist um den Punkt c in
einer Ebene (dd), die der Teilebene des Planrades entspricht, senkrecht zur
Linie kk schwenkbar. Die Spindel b wird unter dem Teilkegelwinkel gegen die
Horizontale dd eingestellt, so daß dann also eine Seite (dd) des Teilkegels horizontal liegt. Auf der Spindel b wird der sogenannte Rollbogen g befestigt, der
einen Teil des erweiterten Teilkegels des Arbeitsstückes darstellt, und zwar ist
er gebildet durch einen Schnitt (Ellipse, Fig. 77, Seitenriß), der im Grund- und
Aufriß senkrecht zur Linie dd steht. Über diesen Rollbogen g laufen zwei Stahl-

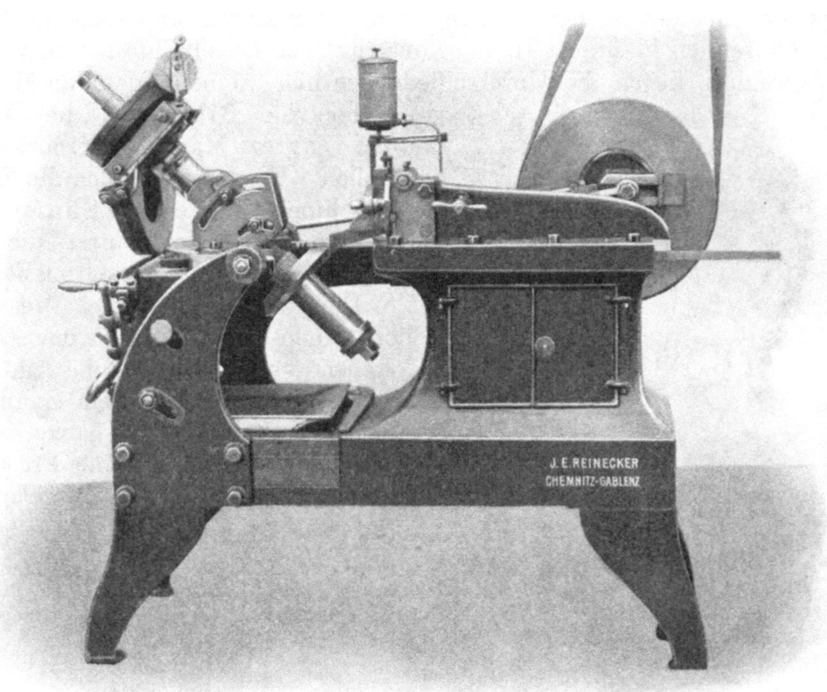

bänder (h, h'), von denen das eine rechts, das andere links am Rollwagen verschraubt ist. Die freien Enden werden rechts, bzw. links am Bett der Maschine
verschraubt. Durch diesen Rollbogen mit den Stahlbändern ist die Spindel b in
ihrer Lage gesichert. Der Führungsbock e sitzt auf einem Drehteil i, dessen
Achse die Senkrechte kk ist und dem durch die Schnecke l eine Drehung um die
Achse kk erteilt werden kann. Bei einer solchen Drehung führt die Spindel b
zwangläufig zwei Bewegungen aus: sie dreht sich um die Achse kk, ohne ihre
Neigung gegen die Linie dd zu ändern, außerdem dreht sie sich um ihre eigene
Achse, da der Rollbogen durch die Stahlbänder zu einem Wälzen auf der Führungs-
fläche m gezwungen wird. Die Bewegung des Teilkegels, der ja durch den Roll-
bogen dargestellt wird, besteht dann in einem Rollen auf der durch die Linie dd
angegebenen Horizontalfläche; letztere entspricht der Teilfläche des Planrades.
Der Hobelstahl führt eine hin und her gehende Bewegung aus, sein Teilriß liegt

also in der Maschine fest. Da das Werkstück *a* mit dem Rollbogen verbunden ist, so besteht die Wälzbewegung der Maschine in einem Rollen des Werkrades auf dem Planrad. Die Bildung einer Zahnflanke vollzieht sich wie in Fig. 78.

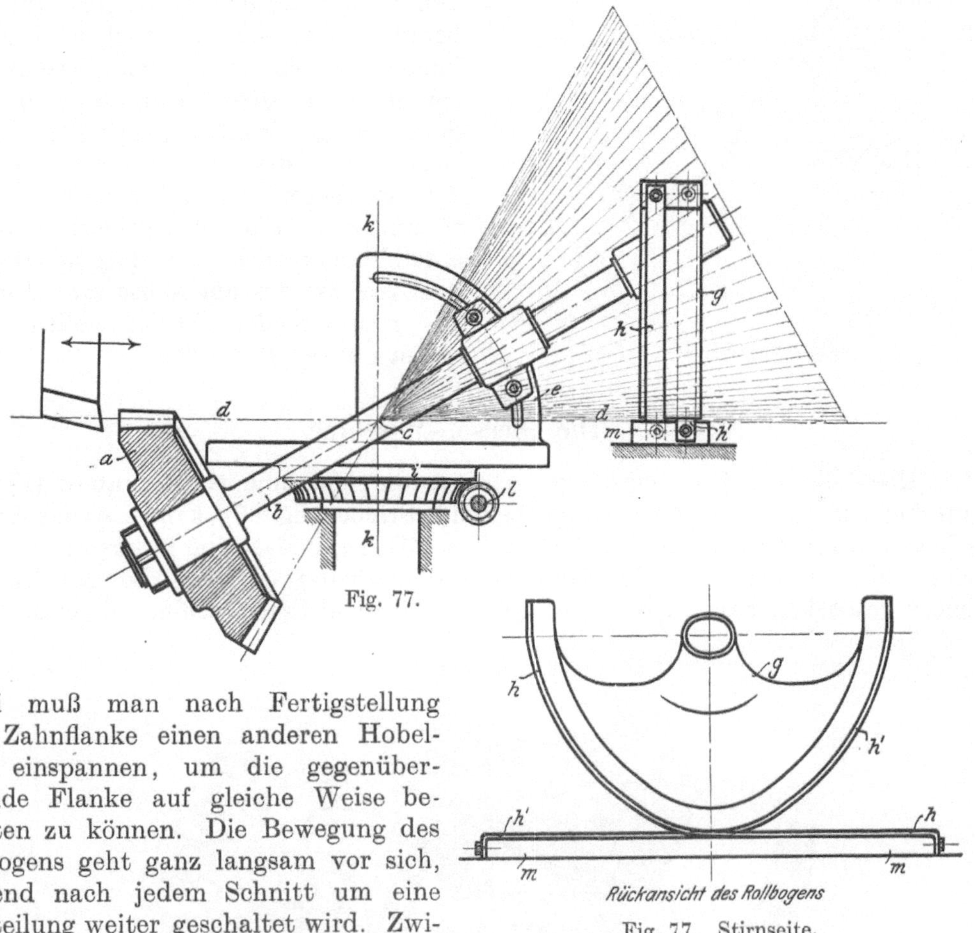

Fig. 77.

Fig. 77. Stirnseite.

Dabei muß man nach Fertigstellung einer Zahnflanke einen anderen Hobelstahl einspannen, um die gegenüberliegende Flanke auf gleiche Weise bearbeiten zu können. Die Bewegung des Rollbogens geht ganz langsam vor sich, während nach jedem Schnitt um eine Zahnteilung weiter geschaltet wird. Zwischen zwei Schnitten an einem Zahn liegt dann immer eine ganze Umdrehung des Arbeits stückes, die Entfernung der beiden in diesen Stellungen erzeugten Flankenpunkte voneinander ist gleich dem durch die Rollung erzeugten Vorschub. Wählt man diesen zu x mm, so darf die Rollung nur so groß sein, daß der Vorschub pro Schnitt $= \dfrac{x}{\text{Zähnezahl}}$ wird. Zur Erreichung solcher Vorschubgrößen ist das bekannte Bilgram-Getriebe konstruiert. Damit die die Flanke gestaltenden Stähle schneiden können, muß die

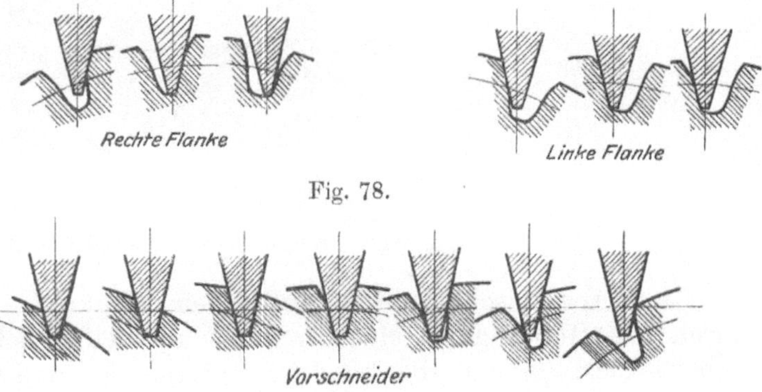

Fig. 78.

Fig. 79.

Zahnlücke vorgearbeitet sein, man schneidet deshalb mit einem (dritten) schmalen Stahle ein Zahnprofil (Fig. 79) vor; es ist klar, daß die Anwendung dreier verschiedener Stähle zu einer recht langen Bearbeitungszeit führen muß.

Natürlich müßte für jeden anderen Teilkegelwinkel des Arbeitsstückes auch ein anderer Rollbogen angewendet werden; da dies nicht möglich, begnügt man

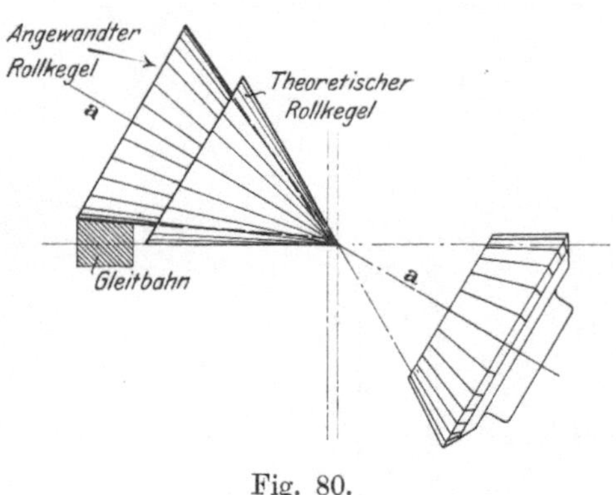

Fig. 80.

sich damit, die Rollbögen in Abstufungen von 5 zu 5 Grad vorrätig zu halten und benutzt für die dazwischen liegenden immer den nächstkleineren. Die Arbeitsspindel mit dem Werkrad wird unter dem richtigen Winkel eingestellt, man verschiebt nur die Unterstützungsfläche für den Rollbogen, so daß sich dessen Abrollung nach Fig. 80 vollzieht. Dadurch entsteht natürlich eine falsche Drehung des Arbeitsrades um Achse aa. Die daraus resultierenden Fehler sollen weiter unten berechnet werden.

Die Gleason-Maschine.

Ebenfalls als Hobelmaschine arbeitet die Maschine von Gleason (Fig. 81); nur benutzt sie zwei gleichzeitig arbeitende Stähle (Fig. 83), kann also das Arbeitsstück außerordentlich viel rascher als die Bilgram-Maschine fertigstellen. Auch hier wird verlangt, daß die Zahnlücke vorgearbeitet ist, was auf der Maschine selbst geschehen kann, meist aber auf der Universal-Fräsmaschine ausgeführt wird.

Fig. 81a. Kegelrad-Hobelmaschine von Gleason.

In dieser Maschine erhält außer dem Werkrad auch das Planrad (dargestellt durch die Hobelstähle) eine Drehung um seine Achse. In Fig. 82 ist a das Arbeitsstück, das auf die Spindel b aufgespannt und so eingestellt wird, daß seine Spitze in die Mitte c der Maschine fällt, durch die die Achse dd des Planrades geht. Letztere liegt horizontal, der Teilrißkessel des Planrades (Ebene) also senkrecht zur Zeichenebene, so daß er den Teilkegel des Arbeitsstückes in dc tangiert. Mit der Spindel b verbunden ist der Schwingbügel f, der außerdem ein Lager (g)

in der Verlängerung der Spindel b hat. An diesem Schwingbügel wird das Zahnradsegment h so befestigt, daß seine Teilrißfläche (Kegel), dessen Spitzenwinkel gleich dem Teilkegelwinkel des Arbeitsstückes ist, mit letzterem zusammenfällt, daß seine Spitze also auch in c, seine Achse in der Spindel b liegt. Mit diesem Zahnradsegment wird ein zweites (i) in Eingriff gebracht, dessen Spitzenwinkel 180 Grad ist, das also einen Teil des Planrades darstellt. An diesem Planradsegment i werden die Gleitbahnen k und k' der Hobelstähle befestigt, und zwar unter einem Winkel gegeneinander, der durch die Breite des Zahnes (Winkel δ, Fig. 51) bestimmt ist. Beide Zahnradsegmente bleiben immer in Eingriff, die Gleitbahnen lassen sich jedoch relativ zum Planradteilriß um eine durch c gehende senkrechte Achse verdrehen, so daß die Hobelstähle bei ihrer Schnitt-

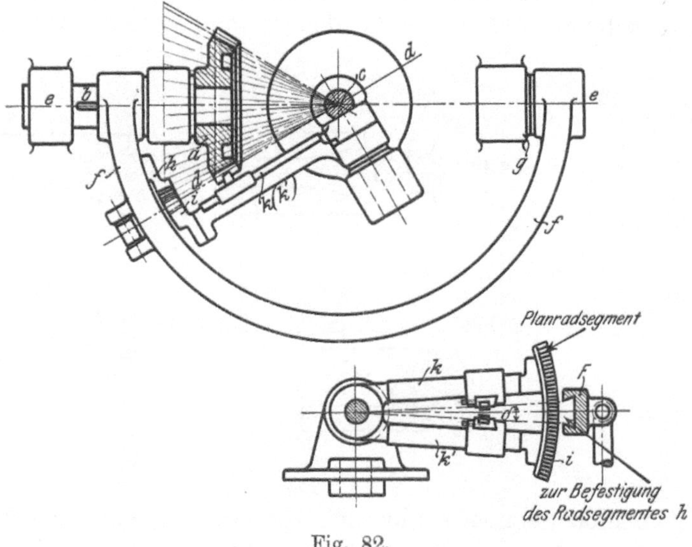

Fig. 82.

Fig. 81 b. Kegelrad-Hobelmaschine von Gleason.

bewegung die gegenüberliegenden Flanken einer Zahnlücke des Planrades beschreiben. Die Fertigstellung der vorgearbeiteten Zähne des Arbeitsstückes geht folgendermaßen vor sich (Fig. 83): In ihrer Anfangsstellung I sind die Hobelstähle außer Berührung mit dem Arbeitsstück, sie werden ihm zunächst durch Drehung der Gleitbahnen um c soweit genähert, daß die Teilpunkte 1,1 ihrer Schneiden in die Teilebene des Planrades fallen, wobei sie den Zahn des Werkrades anschneiden und ihm im Teilriß die richtige Zahnstärke geben. Sodann wird der

Schwingbügel gehoben, d. h. um die Achse der Spindel b gedreht, dabei wird das
Planradsegment i und mit diesem die Gleitbahnen k und k' um die Achse dd in
einer senkrechten Ebene gedreht. Diese Drehung wird dem Planradsegment durch
das Segment h erteilt, das ja mit dem Schwingbügel verschraubt ist. Da die

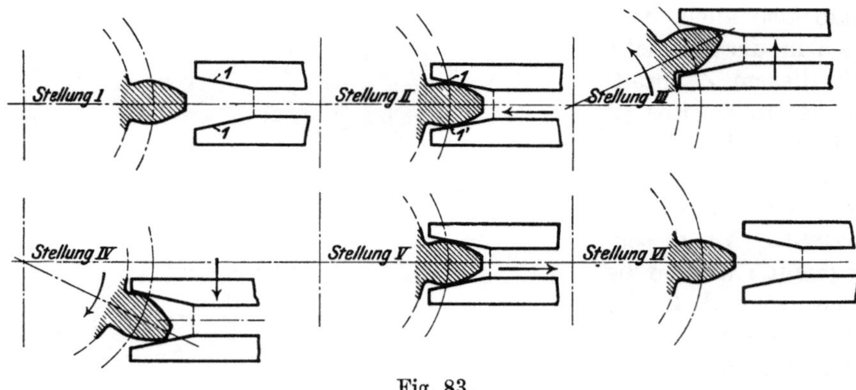

Fig. 83.

beiden Segmente nur eine Erweiterung von Arbeitsstück und Planrad darstellen,
so wird durch diese Drehung die erforderliche Wälzbewegung erzielt, die hier in
einem Kämmen eines Radzahnes mit einer Zahnlücke des Planrades besteht.
Haben die Stähle die höchste Stellung erreicht, die durch die Eingriffsstrecke der
beiden Flanken gegeben ist, so werden sie bis zur entsprechenden Stellung nach
unten gesenkt (Stellung IV); alsdann wieder bis in die Anfangslage gehoben (Stellung V)
und außer Eingriff mit dem Radzahn gebracht (Stellung VI). Das Arbeitsstück wird
dann um eine Zahnteilung weiter gedreht. Auch hier wäre eigentlich für jeden Teilkegelwinkel ein besonderes Zahnsegment (h) nötig; die Maschinen werden jedoch nur
mit einem Satz von 21 Segmenten ausgerüstet, wie die nachstehende Tabelle zeigt;
die Teilkegel der Segmente stimmen immer mit dem Teilkegel des kleinsten
Winkels ihres Bereiches überein. Man sieht, daß die Intervalle also auch die
Fehler im Durchschnitt kleiner als bei der Bilgram-Maschine sind, sie sollen
mit diesen berechnet werden.

Nr.	Winkel, zwischen denen das Segment anzuwenden ist	Differenz	Nr.	Winkel, zwischen denen das Segment anzuwenden ist	Differenz	Nr.	Winkel, zwischen denen das Segment anzuwenden ist	Differenz
1	8° 4′ ÷ 9° 20′	1° 16′	8	21° 53′ ÷ 26° 34′	4° 41′	15	48° 58′ ÷ 58° 47′	9° 49′
2	9° 20′ ÷ 11° 7′	1° 47′	9	26° 34′ ÷ 29° 25′	2° 51′	16	58° 47′ ÷ 63° 28′	4° 41′
3	11° 7′ ÷ 12° 25′	1° 18′	10	29° 25′ ÷ 33° 33′	4° 8′	17	63° 28′ ÷ 71° 20′	7° 52′
4	12° 25′ ÷ 13° 58′	1° 33′	11	33° 33′ ÷ 38° 32′	4° 59′	18	71° 20′ ÷ 74° 47′	3° 27′
5	13° 58′ ÷ 15° 47′	1° 51′	12	38° 32′ ÷ 44° 34′	6° 2′	19	74° 47′ ÷ 79° 45′	4° 58′
6	15° 47′ ÷ 18° 24′	2° 41′	13	44° 34′ ÷ 48° 58′	4° 24′	20	79° 45′ ÷ 81° 52′	2° 7′
7	18° 24′ ÷ 21° 53′	3° 19′	14	48° 58′ ÷ 52° 58′	4° 0′	21	81° 52′ ÷ 90°	8° 8′

Die Stähle schneiden bei jedem Schnitt eine ganze Zahnbreitenlinie. Ihre
Schneide liegt immer tangential zu der Zahnkurve, die sie erzeugen, die von ihnen
bearbeitete Fläche wird dadurch sehr sauber. Damit die Werkzeugschneide einen
Ansatzwinkel erhält, muß der Stahl unter einem bestimmten Winkel geschliffen
werden (Fig. 84), damit bei einem durch das Stahlprofil gegebenen Winkel β die
Neigung der Werkzeugschneide die gewünschte Größe von 75 Grad gegen die
Horizotale hat. Man muß deshalb für das Schleifen der Stähle besondere Lehren
anwenden. Dies gilt für die Bilgram- und für die Gleason-Maschine.

Es sei bemerkt, daß bei der Gleason-Maschine, weil immer nur ein Zahn bearbeitet wird, eine ähnliche ungleiche Erwärmung des Arbeitsstückes und daraus folgende Fehler auftreten, wie beim Formverfahren bei Stirnrädern. Da

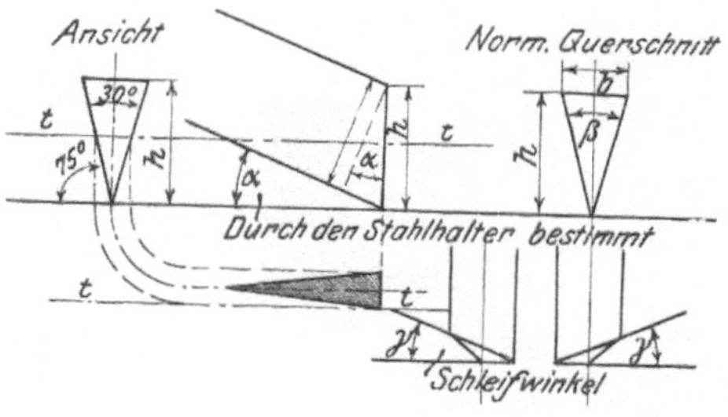

Fig. 84.

aber die Lücke vorgearbeitet, also im allgemeinen nur noch wenig Material wegzunehmen ist, werden Erwärmung und Verziehen unbedeutend. Durch die gleichzeitige Bearbeitung aller Zähne auf der Bilgram-Maschine ist diese Gefahr dort gänzlich ausgeschlossen.

Die Warren-Maschine.

In ihrem Aufbau und ihrer Arbeitsweise von den beschriebenen Maschinen ganz verschieden ist die Kegelradfräsmaschine von Warren, wie sie von L. Loewe & Co., Berlin gebaut wird, Fig. 85a und b. Als Werkzeuge bearbeiten zwei Scheibenfräser (von 120 mm ϕ) die Außenflanken zweier nebeneinanderliegender Zähne (Fig. 86). Diese Fräser berühren die Zähne des Arbeitsstückes nur in einem Teil einer Breitenlinie (im Gegensatz zu der Beale-Maschine, wo die ganze Breitenlinie bestrichen wird), sie müssen daher eine Vorschubbewegung auf die Kegelspitze zu erhalten.

Während dieser Bewegung schwingen sie andauernd in Richtung der Zahnkurve hin und her, so daß nach einem Durchgang der Fräser durch das Rad von A bis B (Fig. 86, S. 53) zwei Flanken zweier Zähne fertig bearbeitet sind. Um die Zähne ganz sauber zu bekommen, kann man den Fräserrücklauf von B nach A zu einem Schlichtschnitt benutzen, wodurch man eine Flanke erhält, die der gehobelten an Glätte nicht viel nachsteht.

Die Ausführung der Bewegungen ist aus Fig. 87, S. 54, zu ersehen. Das Arbeitsstück 1 sitzt auf der Spindel 2, die das Kegelrad 3 trägt. Letzteres kämmt mit dem auf Welle 5 sitzenden Rad 4. Auf Welle 5 ist die Schwinge 6 gekeilt, die durch die Stange 7 mit der gleichlangen Schwinge 8 in Verbindung steht. Diese Schwinge 8 sitzt an einem Stirnradsegment 9, das um Welle 10 drehbar ist und mit der Zahnstange 11 kämmt. Zahnstange 11 kann in der Führung 12 12′ gleiten und verschiebt durch das um Zapfen 13 drehbare Gleitstück 14, das an 11 festgeklemmt ist, die in vertikaler Richtung bewegliche Zahnstange 15. Von dieser wird Stirnrad 16, Spindel 17 und der an dieser Spindel befestigte Kopf 18 gedreht, der die Schlitten mit den Scheibenfräsern trägt. An das Zahnradsegment 9 ist eine Schwinge 19 gekuppelt, die durch eine Kurbelscheibe in Schwingung versetzt wird. Dreht sich nun die Kurbelscheibe, so schwingt das Werkrad durch die beschriebene Verbindung getrieben um seine Achse aa, gleichzeitig auch der entsprechend angetriebene Kopf mit den Fräsern. Die Schwingungsweite des letzteren kann durch Einstellung des Gleitstückes 14 von der ersteren abhängig gemacht werden. Ist der Teilkegelwinkel des Arbeitsstückes α und muß sich das Arbeitsstück zum Durchlaufen des Eingriffs von Rad und Planradzähnen um $\sphericalangle \beta^0$ um seine Achse drehen, so muß sich das Planrad gleichzeitig um γ^0 drehen, wobei die Beziehung besteht $\beta = \dfrac{\gamma}{\sin\alpha}$[1]). Bewegt sich die Zahnstange 11 für einen Dreh-

Fig. 85a.   Kegelradfräsmaschine von L. Loewe & Co.

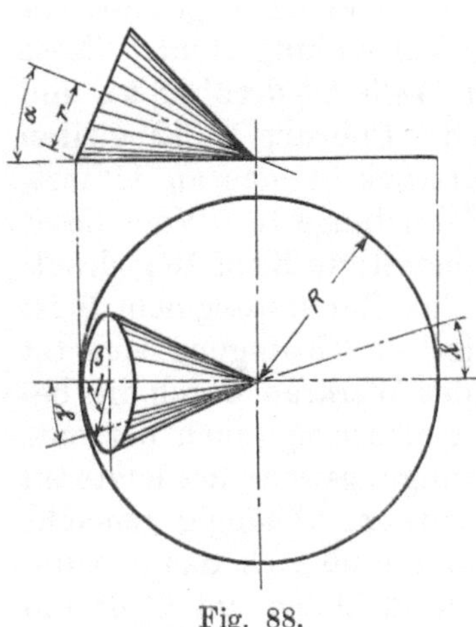

Fig. 88.

[1]) Ist nämlich (Fig. 88) r der größte Teilradius des Rades, α der halbe Spitzenwinkel des Teilkegels, so ist der größte Radius R der Planradteilrißfläche gleich der Länge der größten Kegelseite des Radteilrisses also

$$R = \frac{r}{\sin\alpha}.$$

Wälzen diese beiden Kreise aufeinander, so gilt für die abgewälzten Bogen

$$r \cdot \frac{\pi}{180} \cdot \beta = R \cdot \frac{\pi}{180} \cdot \gamma,$$

wenn β der Drehwinkel des Kegelrades, γ der diesem entsprechende Drehwinkel des Planrades ist. Da nun $R = \dfrac{r}{\sin\alpha}$, so folgt

$$\beta = \frac{\gamma}{\sin\alpha}.$$

winkel β des Arbeitsstückes um die Strecke d (Fig. 89), so bewegt sich die Zahnstange nur um die Strecke e, weil das zur Bewegungsrichtung von 11 schräg stehende Gleitstück 14 eine Subtraktion um die Strecke f oder eine Addition um Strecke f' bewirkt. Durch entsprechende Wahl des Winkels ε (Fig. 89) kann man die Strecke e so bemessen, daß die von ihr abhängende Drehung der Spindel

Fig. 85 b. Kegelradfräsmaschine von L. Loewe & Co.

19 gleich dem Winkel γ wird, der einer Drehung des Arbeitsstückes um β entspricht. Durch diesen sinnreichen Mechanismus ist es möglich, bei jedem beliebigen Teilkegelwinkel α, Werkstück und Werkzeug sich um die genauen Winkelgrößen drehen zu lassen, d. h. in dieser Maschine werden die in den anderen Maschinen durch Wälzen falscher Teilkegel erzeugten Fehler vermieden.

Wird nun die Teilrißfläche des Planrades durch eine zur Achse bb senkrechte Ebene dargestellt, so muß das Arbeitsstück mit seiner Achse so eingestellt werden, daß sein Teilkegel diese Ebene berührt. Dies

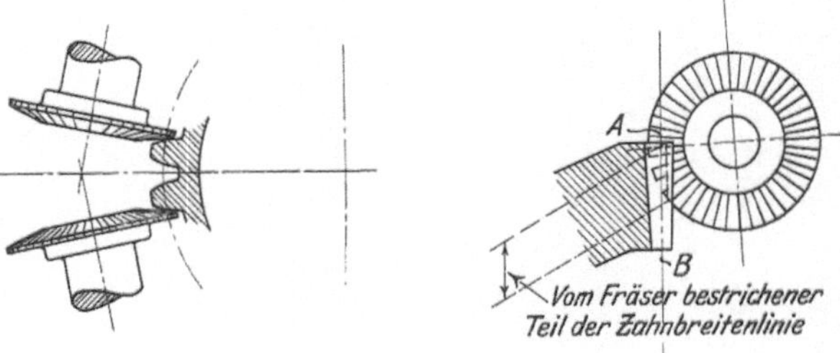

Fig. 86.

ist durch Einstellen und Festspannen der Spindel 2 am Führungsbogen C möglich. Wäre die Einstellung in dieser Art erfolgt, so würden die Kopfkanten der Fräser

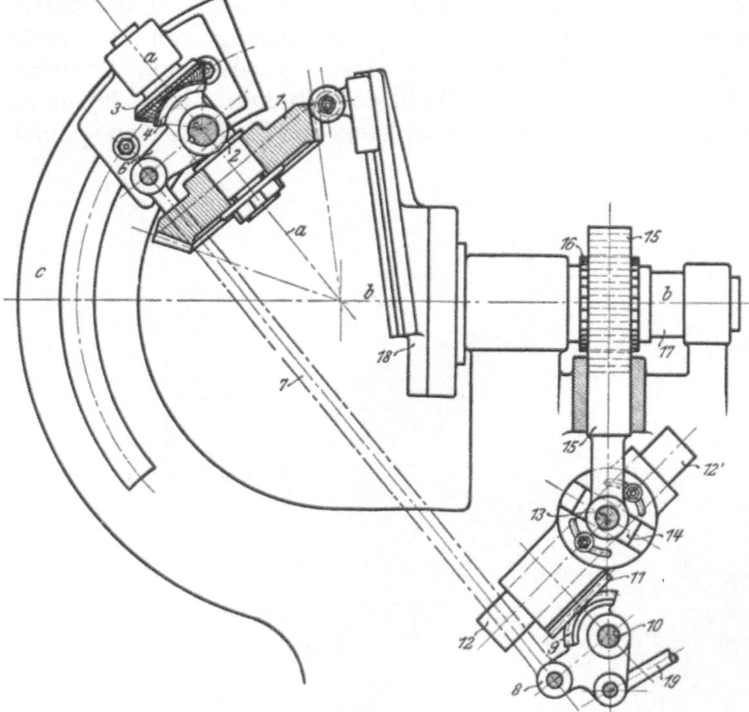

Fig. 87.

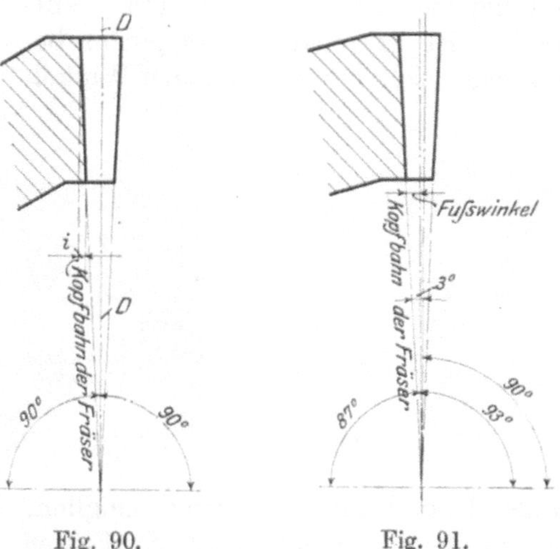

Fig. 89.

sich in einer zur Teilfläche (Linie DD) parallelen bewegen (Fig. 90), dann würde der Zahngrund an der inneren Seite um das Stück i zu tief gefräst sein. Um dieses Tieferfräsen möglichst klein zu machen, bewegt man die Fräser nicht senkrecht zur Achse des Planrades, sondern unter einem Winkel von 87 Grad (Fig. 91). Die Fräser beschreiben dann bei ihrer Schwingung um Achse bb einen Kegel (Fig. 92 u. 93). Diesen Kegel tangierend wird das Arbeitsstück eingestellt. Man läßt also die Räder nicht mit einem Planrad, sondern mit einem Rad von anderem Spitzenwinkel kämmen, und zwar ist der halbe Spitzenwinkel dieses Rades bestimmt nach Fig. 91 durch $90^{\circ} - (3^{\circ} - \text{Fußwinkel})$. Da die Fußwinkel selbst bei großen Rädern selten unter 1° liegen, so ist die Abweichung sehr gering. Selbstverständlich könnte man ein solches Rad ohne weiteres zur Herstellung der Arbeitsstücke verwenden, wie dies ja im Prinzip des Wälzverfahrens begründet ist; nur müßte man theoretisch die diesem Rad entsprechende Zahnkurve am Werkzeug benutzen. In der Warren-

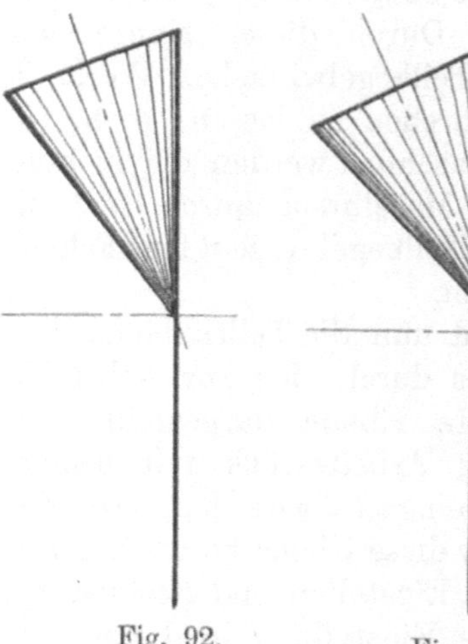

Fig. 90. Fig. 91. Fig. 92. Fig. 93.

Maschine benutzt man dafür aber das geradflankige Werkzeug. Die Abweichungen sollen später berechnet werden.

Die Fehler der Maschinen.

Zur Beurteilung der Maschinen ist es nötig, die angedeuteten Fehler zu berechnen. Zunächst werde die Berechnung für die Bilgram- und die Gleason-Maschine durchgeführt, die sich ja darin gleichen, daß bei ihnen ein Teilkegel von falschem Spitzenwinkel die Drehung des Werkrades bestimmt. Ist der richtige halbe Spitzenwinkel z. B. $\alpha = 45$ Grad und hat man das Planrad zum Durchlaufen des Flankeneingriffs um einen bestimmten Winkel γ zu drehen, so ist der Drehwinkel des Werkrades $\beta = \dfrac{\gamma}{\sin \alpha}$. Nimmt man zur Verzahnung einen Teilkegel von 40 Grad halbem Spitzenwinkel, so wird bei gleichem Drehwinkel des Planrades das Arbeitsstück um einen Winkel γ', d. h. um einen bestimmten Betrag mehr gedreht. In Fig. 94, wo der Eingriff der beiden Räder für einen ebenen Schnitt aufgezeichnet ist, würde dies bedeuten, daß der Kopfpunkt der Zahnflanke bis zu Punkt B statt bis A gedreht worden ist, d. h. bei der Zahnbearbeitung würde der Zahnkopf um das Stück AB auf jeder Flanke mehr bearbeitet werden. Zur Berechnung dieser Strecke, die also die größte Abweichung vom theoretischen Zahnprofil darstellt, genügt die Kenntnis von γ oder β, sie läßt sich auf folgende Weise erreichen.

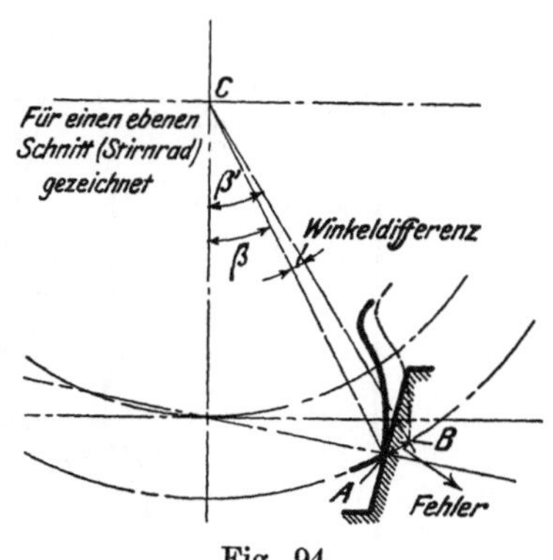

Fig. 94.

In der perspektivisch gezeichneten Fig. 95 ist TT der größte Teilkreis eines Kegelrades, dessen Spitzenwinkel zu 90 Grad gewählt wurde, dessen Achse ML in der YZ-Ebene des räumlichen Koordinatensystems unter 45 Grad gegen die Achsen geneigt läuft. Der zu diesem Teilkreis gehörige Kopfkreis des Rades ist $K_1 K_2 K_3$, durch den die Kugel vom Mittelpunkt M und vom Radius MD gelegt ist. Das Planrad liegt horizontal, seine Teilrißfläche fällt mit der XY-Ebene zusammen; zu diesem als Zahnkurve gehört der größte Kugelkreis $P_1 P_2 P_3$. Der Endpunkt der Eingriffsstrecke (die durch den Berührungspunkt der Teilflächen geht) ist A. Seine Lage ist dadurch bestimmt, daß die Normale zur Planradzahnkurve in diesem Punkt durch den Berührungspunkt der Teilrisse geht, und daß sich außerdem Planradzahnkurve und Kopfkreis des Rades in diesem Punkt schneiden. Die Normale zur Planradzahnkurve ist wieder ein größter Kugelkreis $N_1 N_2 N_3$. Lassen sich nun die Koordinaten des Punktes A berechnen, so ist durch den Bogen DC der Drehwinkel γ des Planrades bestimmt.

Mit Hilfe der analytischen Geometrie des Raumes lassen sich zunächst einige Bedingungsgleichungen für die Koordinaten x, y, z von A aufstellen. Sie müssen nämlich den Gleichungen des Kopfkreises des Rades $K_1 K_2 K_3$ und der Normalen $N_1 N_2 N_3$ zur Planzahnradkurve genügen, wenn letztere durch Punkt A geht.

Die Normale zur Planradzahnkurve, die mit der Horizontal-(XY)-Ebene den Winkel u einschließt (Fig. 95), ist bestimmt durch eine Ebene, die durch die Y-Achse geht und mit der XY-Ebene den Winkel u bildet. Ihre Gleichung ist:

$$\operatorname{tg} u \cdot x + z = 0. \tag{1}$$

Die Gleichung des Kopfkreises ist zu bestimmen aus dem Schnitt der Kugel mit einer Ebene, die senkrecht zur Achse ML des Kegels und durch den Punkt B (Kopfpunkt des Zahnprofils in der YZ-Ebene) geht.

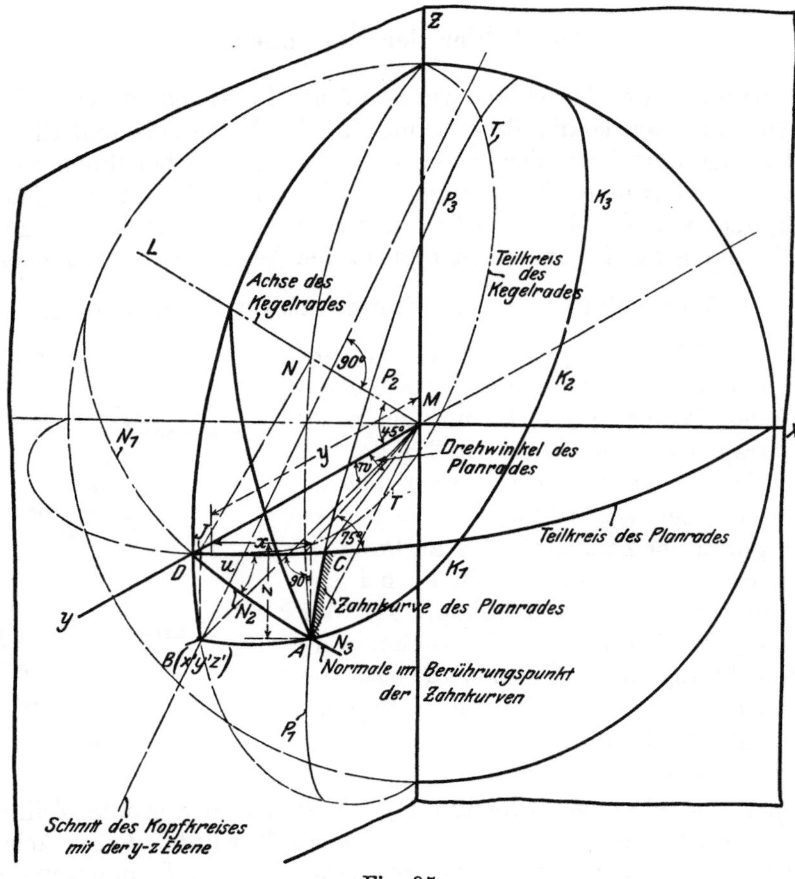

Fig. 95.

Die Gleichung der Kugel ist

$$x^2 + y^2 + z^2 = r^2. \qquad (2)$$

Die Gleichung der Kegelachse ML ist, da sie in der YZ-Ebene durch den Koordinatenanfang unter 45 Grad gegen die Y-Achse geneigt läuft,

$$y = z.$$

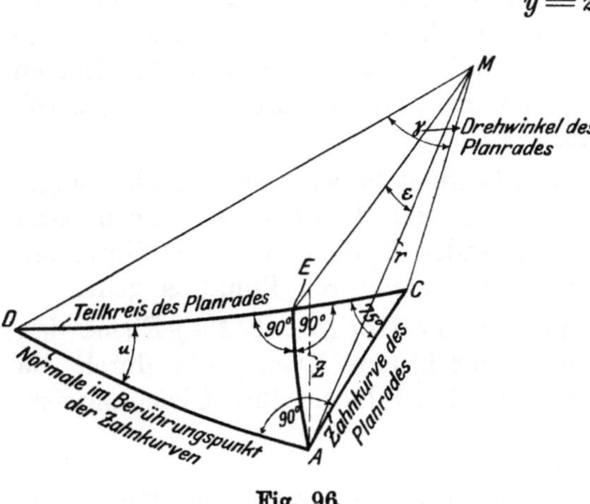

Fig. 96.

Sind die Koordinaten des Punktes B, $x' = 0$, y', z', so ist alsdann die Gleichung der Ebene des Kopfkreises, die sowohl senkrecht zur Linie $y = z$ als auch senkrecht zur YZ-Ebene läuft:

$$(y - y') + (z - z') = 0$$

oder

$$y + z = (y' + z'). \qquad (3)$$

Unter Beachtung, daß man für den Bogen AE (Fig. 96), die der Fig. 95 entnommen ist, den Sinus des Winkels $\varepsilon = \dfrac{z}{r}$ setzen kann, da ε klein, der Fehler also unbedeutend ist[1]), so erhält man aus dem sphärischen Dreieck ACD, das bei A einen rechten Winkel hat

$$\cos u = \sin ACD \cos AC.$$

Aus dem rechtwinkligen sphärischen Dreieck AEC erhält man

$$\sin AC = \frac{\sin AE}{\sin ACE} = \frac{z}{r \sin \delta},$$

wobei $\delta = 75$ Grad nach Voraussetzung ist.

Nun ist

$$\cos AC = \sqrt{1 - \sin^2 AC} = \sqrt{1 - \frac{z^2}{r^2 \sin^2 \delta}} = \frac{1}{r \sin \delta} \sqrt{r^2 \sin^2 \delta - z^2}.$$

Daher folgt

$$\cos u = \frac{\sin \delta}{r \sin \delta} \sqrt{r^2 \sin^2 \delta - z^2} \quad \text{oder} \quad \cos^2 u = \frac{r^2 \sin^2 \delta - z^2}{r^2},$$

setzt man noch $\cos^2 u = \dfrac{1}{1 + \operatorname{tg}^2 u}$, so erhält man

$$\operatorname{tg}^2 u = \frac{r^2}{r^2 \sin^2 \delta - z^2} = 1. \tag{4}$$

Aus den vier Bedingungsgleichungen für x, y, z und u lassen sich diese vier Größen bestimmen. Es sei die Rechnung gleich für ein zahlenmäßiges Beispiel durchgeführt.

Das Rad vom Teilkegelwinkel 90^0 ($\alpha = 45$), habe 35 Zähne, Modul 8, also einen größten Teilkreisdurchmesser von 280 mm. Dann sind die Koordinaten des Punktes B in der YZ-Ebene aus Fig. 95 zu berechnen. Es ist

$$JM = y' = \frac{HJ}{\sin \alpha} = \frac{\text{Teilkreisradius}}{\sin \alpha} = \frac{140}{\sin 45^0} = 197{,}99$$

$$Z' = JB = \text{Kopfhöhe} = \text{Modul} = 8.$$

Ferner ist $\cos w = \dfrac{JM}{BM}$, $BM = r = \dfrac{JM}{\cos w}$, wobei w durch $\operatorname{ctg} w = \dfrac{y'}{z'}$ bestimmt ist.

$$r = 198{,}4.$$

Somit ergeben sich als Bedingungsgleichungen:

$$\begin{aligned}
&\text{(I.)} && \operatorname{tg} u \cdot x + z = 0 \\
&\text{(II.)} && x^2 + y^2 + z^2 = 39263 \\
&\text{(III.)} && y + z = 189{,}99 \\
&\text{(IV.)} && \operatorname{tg}^2 u = \frac{39263}{36632 - z^2} - 1
\end{aligned}$$

Ordnet man nun nach einer der vier Unbekannten, so bekommt man eine Gleichung vierten Grades, die man am einfachsten durch Probieren löst. Durch Annahme von z und Berechnung der Werte $\operatorname{tg} u$ aus I. und IV. hat man einen guten Anhalt für eine schnelle und genaue Lösung. Man erhält:

$$z = -6{,}556$$
$$y = 196{,}546$$
$$x = \pm 24{,}249.$$

---

[1]) Für das später angeführte Beispiel ist der Bogen $AE = \dfrac{\pi}{180} \cdot 2^0 20' = 0{,}0407$, dann berechnet sich $\sin \varepsilon$ aus $\sin b = \dfrac{b}{1!} - \dfrac{b^3}{3!} + \dfrac{b^5}{5!} - \dfrac{b^7}{7!} \cdots$ für $b = 0{,}0407$ zu $\sin \varepsilon = 0{,}0407 - [0{,}00001124 - 0{,}0000000089 + \cdots]$. Der Fehler ist für die vorliegende Rechnung ohne Belang.

Die beiden Werte von x besagen, daß der Punkt rechts oder links von der Mittelebene (YZ-Ebene) liegen kann. Der Fig. 95 entsprechend gilt der positive Wert von x.

Für die Fertigstellung der Kopfflanke des Arbeitsstückes ist es nötig, das Planrad um den Winkel γ (Fig. 86) zu drehen; für das Beispiel wird er $7^\circ 29' 21''$. Damit ist durch $\beta = \dfrac{\gamma}{\sin \alpha}$ auch der Drehwinkel des Arbeitsstückes gefunden; $\beta = 11^\circ 37' 10''$.

Es war nun bereits gesagt, daß man die Drehung des Arbeitsstückes unter Umständen nicht vom theoretischen Teilkegel abhängig macht, das Arbeitsstück

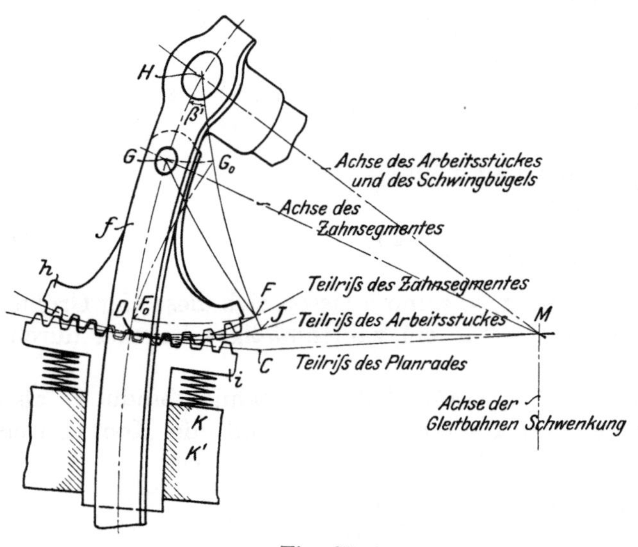

Fig. 97.

also nicht um den $\sphericalangle\,\beta$ dreht, sondern daß man einen Rollkegel (Rollbogen in der Bilgram-Maschine, Zahnradsegment in der Gleason-Maschine) von kleinerem Spitzenwinkel benutzt. In Fig. 97 ist dies für die Gleason-Maschine dargestellt. Der Schwingbügel f (Vgl. Fig. 82) dreht sich um die Achse MH; das Kegelrad hat einen Teilkegel vom Spitzenwinkel HMD, man setzt dafür das Zahnradsegment h mit der Achse MG, also vom Spitzenwinkel GMD. Dreht sich nun der Schwingbügel f um MH, so werden durch das Segment h das Planradsegment i und mit diesem zugleich die Gleitbahnen der Hobelstähle um eine durch M gehende Achse gedreht. Die veränderliche Entfernung von i nach H wird durch Ausweichen des Segmentes i ausgeglichen, was in der Figur durch die Federn zum Ausdruck gebracht ist; es würde nämlich in der Stellung, in der Punkt J vom Teilkreis des Arbeitsstückes sich in D befindet, der Punkt F in F_0 gewesen sein, so daß also i um die Strecke $FJ = DF_0$ ausweichen muß, wenn die Bewegung von D in J erfolgt.

Bei der Abwälzung der Teilrisse vom Planradsegment und vom Segment h ist dann der Schwingbügel f um den Winkel DHF gedreht worden, denn seine Mittellinie HJ geht immer durch F.

Unter Weglassung der konstruktiven Elemente ist Fig. 97 noch einmal in Fig. 98 dargestellt, und es sei angenommen, daß man an Stelle des Rollkegels von

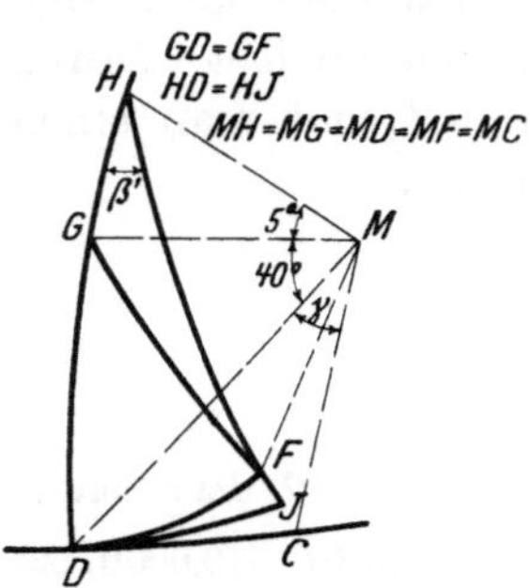

Fig. 98.

45° halbem Spitzenwinkel einen solchen von 40° benutzt, was z. B. die größte vorkommende Abweichung in der Bilgram-Maschine ist. Das Planrad dreht sich um den $\sphericalangle\,\gamma'$, dabei bewegt sich Punkt D nach C; dieselbe Bogenlänge DC wird vom Segment von 40° halbem Spitzenwinkel abgewickelt, für welches der Punkt D nach F laufen würde. Dabei wird die Achse MH um den Winkel $DHF = \beta'$ gedreht.

Aus den Abmessungen der Kegelräder sind bekannt HD und GD, Bogen FD und aus dem sphärischen Dreieck FGD, dessen Seiten GD und GF gleich

und dessen dritte Seite DF durch einen Schnitt senkrecht zur Achse MG gebildet (Meridianschnitt zu MT) ist, alsdann auch $\not\subset FGD$. Dann folgt

$$\cos HF = \cos HD \cos FD + \sin HD \sin FD \cos HDF$$

und nach Berechnung dieser Größe erhält man weiterhin aus Dreieck HDC

$$\cos \beta' = \cos FHD = \frac{\cos FD - \cos HD \cos HF}{\sin HD \sin HF}$$

und es ergibt sich für das vorliegende Zahlenbeispiel

$$\beta' = 11^0\,55'\,8''$$

Der Winkel, um den das Werkrad zu weit gedreht wird, ist also

$$\beta' - \beta = 18'\,2''$$

der Bogen dazu, d. i. der tatsächliche größte Fehler, bei Herstellung des oben
angeführten Rades in der Bilgram-Maschine auftreten würde

$$e_b = 0{,}765 \text{ mm.}$$

Für die Gleason-Maschine würde dieser Fehler kleiner werden, da man im
Durchschnitt (vgl. Tabelle S. 50) eine Abweichung des Teilkegels von 4 Grad annehmen kann; es würde dann im Mittel für diese Maschine der größte Fehler

$$e_g = 0{,}512 \text{ mm.}$$

Zur Bestimmung des Fehlers der Warren-Maschine ist es
nötig, festzustellen, um welchen Betrag die Werkzeugschneide
gekrümmt sein müßte, damit sie der Zahnkurve des Rades entspricht, an dessen Teilriß tangierend das Arbeitsstück eingestellt
wird. Der Spitzenwinkel dieses Rades war (S. 54) $= 90^0 - (3^0 -$
Fußwinkel). Für das Beispiel ist
der Fußwinkel $= 2^0\,18'\,49''$; der
Spitzenwinkel des an Stelle des
Planrades angewandten Rades
ist demnach $= 178^0\,37'\,38''$.

Ist in Fig. 99 AB diese Zahnkurve des Rades in der End-
stellung des Eingriffs mit der
Planradzahnkurve; B der Punkt
auf dem zugehörigen Teilkreise
und CD ein durch dessen Mittelpunkt C und durch B gelegter
größter Kugelkreis, so entspricht
AD der Strecke g' in Fig. 100,

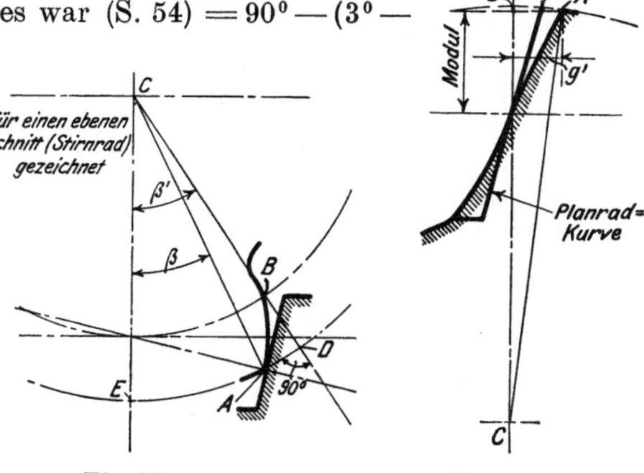

Fig. 99.   Fig. 100.

Strecke g berechnet sich ohne Schwierigkeit aus Fig. 100. Berechnet man wie
oben nach Fig. 95 (Seite 56f.) den Drehwinkel des Planrades γ, der zur Erzeugung
des Punktes A am Rad von $178^0\,37'\,38''$ Spitzenwinkel durchlaufen werden muß,
so folgt der Drehwinkel des Rades β aus $\beta = \dfrac{\gamma}{\sin \alpha}$. Dieser Winkel ist in Fig. 99
gleich Winkel BCE. Mit Hilfe der Koordinaten des Punktes A kann man außer-
dem Winkel ACE berechnen, so daß man Winkel ACD und schließlich die
Strecke $AD = g'$ bestimmen kann.

Als Endergebnis erhält man:

$$e_w = g' - g = 0{,}023 \text{ mm.}$$

Man sieht, daß die Genauigkeit der Warren-Maschine größer ist als bei den beiden anderen Maschinen, daß die Warren-Maschine also vom theoretischen Standpunkt die besten Zahnkurven ergibt, vorausgesetzt, daß in der Bilgram-Maschine nicht gerade der richtige Kegelwinkel benutzt wird.

Nun ließe sich auch der soeben berechnete Fehler der Bearbeitung bei der Warren-Maschine noch beseitigen, wenn man die Fräser so einstellen würde, daß ihre Kopfkanten dem Zahngrund entlang laufen und mit einer senkrechten Ebene (Teilriß des Planrades) den Zahnfußwinkel einschließen. Dies wäre zu erreichen, wenn man die Führungsbahn der Fräser am Kopf 18, Fig. 86 nicht fest, sondern einstellbar anordnete. Die Umständlichkeit der Einstellung für jeden neuen Zahnfußwinkel, die Verteuerung der Konstruktion und nicht zum mindesten die Verringerungder Stabilität der Werkzeugführung wiegen jedoch den geringen Gewinn an Genauigkeit praktisch nicht auf.

Es sei noch bemerkt, daß die Genauigkeit der Zahnflankenbildung in den Maschinen hauptsächlich von der Einstellung und dem Schliff der Werkzeugschneiden abhängig ist. Die Einstellung der Werkzeuge muß mit Hilfe von Lehren erfolgen, sie wird also bei den Hobelstählen einfacher und genauer erreichbar sein als bei den Scheibenfräsern der Warren-Maschine, die den Nachteil aller Fräser haben, daß sie schwer zum genauen Laufen d. h. zum gleichmäßigen Schnitt aller Schneiden zu bringen sind.

Vergleichende Kritik der Verfahren.

Die vorstehenden Untersuchungen und Betrachtungen seien nochmals zusammengefaßt, und die beiden Verfahren insbesondere unter Berücksichtigung ihrer Vor- und Nachteile in Vergleich gestellt.

Als einer der größten Übelstände für die Anwendung des Formverfahrens muß das Eintreten des Unterschnitts der Zahnflanken an Rädern mit weniger als 32 Zähnen angeführt werden. Es hat dies die führenden Werkzeugfabriken veranlaßt, die Zahnformen für ihre Fräser auszuprobieren, also keine theoretische Flankenform anzuwenden, speziell unter dem Namen Evolventenverzahnung eine empirische Zahnkurve einzuführen. Die Ungenauigkeiten in den Achsenentfernungen, die für die genaue Evolventenverzahnung im neuen Zustande ohne Belang sind, kommen daher in vollem Maße zur Geltung. Frei von dem ersten Fehler ist als einzige praktische Ausführung die Stirnrad-Stoßmaschine von Fellows, die die gebräuchliche Evolvente durch Verwendung anderer Konstruktionswerte verbessert und den Unterschnitt vermeidet. Die theoretische Evolvente kann auch von dem schneckenförmigen Stirnradfräser erzeugt werden, vorausgesetzt, daß das Profil korrigiert worden ist. Sie führt allerdings zum Unterschnitt bei der gebräuchlichen Flankenneigung von 15 Grad, der dann jedoch nur durch die Verkürzung der Eingriffsstrecke zum Ausdruck kommt, für die Gestaltung des Werkzeugs aber keine Rolle spielt.

Auf einfache Art kann der Unterschnitt mit dem schneckenförmigen Fräser vermieden werden, wenn man unter Verzicht auf Satzradeigenschaft der Räder Kopf- und Fußhöhe des Zahnes ändert,[1] was durch Veränderung des Achsenabstandes beim Fräsen erreicht wird.[2] Beim Formverfahren müßte man zur Änderung von Kopf- und Fußhöhe besondere Fräser anfertigen und würde dadurch die Werkzeugkosten auf das Doppelte steigern. Man ist ohnedies zur Verbilligung des Verfahrens gezwungen, die Genauigkeit herabzusetzen und nur für eine beschränkte Anzahl von Zahnformen richtige Fräser herzustellen. Die Abweichungen können außerordentlich groß werden und führen dann zu beträchtlichen Bewegungsunterschieden der laufenden Räder.[3] Dazu kommen die Fehler, die unvermeidlich in den Arbeitsmethoden der Werkzeugherstellung liegen und von denen besonders die Abweichungen anzuführen sind, die durch das Ausfräsen der Schablonen an den Fußflanken entstehen.

Nicht minder groß sind die Fehler am schneckenförmigen Stirnradfräser. Die gebräuchliche Ausführung (Bearbeitung mit einem geradflankigen Drehstahl) erzeugt ein schneidendes Profil, das weit von dem Zahnstangenzahn, dem es kongruent sein soll, entfernt liegt, und mit dem es nur den Teilrißpunkt gemeinsam hat. Da das Profil nicht symmetrisch zur Mittellinie liegt, also keine Satz-

---

[1] Lasche, Zahnräder, Z. d. Ver. deutsch. Ing. 1899.
[2] W. T. 1908.
[3] W. T. 1908. S. 297.

radeigenschaft besitzt, sind die bearbeiteten Flanken theoretisch falsch. Die Abweichung ist bedeutender, als man bisher angenommen hat und für alle Zähne gleich groß. Das Wälzverfahren ist daher ungenauer als das Formverfahren, bei dem die Fehler für jene Zähnezahlen, die alle mit einem Fräser hergestellt werden, zwischen Null und einem Höchstwert liegen. Zudem ist es beim Formverfahren immer möglich, durch Herstellung eines besonderen Fräsers, das Rad mit Zahnkurven auszustatten, die theoretisch nur am Zahnfuß Fehler aufweisen.

Es zeigt sich weiterhin, daß das Schleifen der schneckenförmigen Fräser außerordentliche Mängel zeitigt, die einmal die Profilfehler vergrößern, zum andern eine Profilverzerrung herbeiführen (schiefe Zahnbrust), wodurch einseitig hängende Zähne gefräst werden. Vom selben Einfluß ist die falsche Schrägstellung des Fräsers relativ zum Werkstück beim Arbeiten.

Die Untersuchung hat ergeben, daß sich die Fehler der schneckenförmigen Stirnradfräser beheben lassen:

1. Nach D. R. P. Nr. 215473 läßt sich die Flanke des Schneckenganges derart bearbeiten, daß die Projektion des Schneckenganges in der Richtung der mittleren Schraubenlinie des Schneckenganges (erzeugendes Profil des Fräsers) geradlinig, d. h. dem Zahnstangenprofil der Evolvente kongruent ist.

2. Durch eine seitliche Hinterdrehung (Verschiebung des Stahles entgegengesetzt der Steigung des Schneckenganges beim Hinterdrehen entlang dem Zahnrücken) ist es möglich, für den Fräser stets dieselbe Schleifspirale und denselben Schrägstellungswinkel anzuwenden, so daß ein schiefes Profil am Fräser nicht entstehen kann.

Die Korrektionen lassen sich durch ein Hinterschleifen ausführen, wodurch zugleich die Härtefehler (Verwerfen der Zähne, Veränderung der Teilung), die sonst unvermeidlich sind, behoben werden.

Auch beim Formverfahren würde durch ein Hinterschleifen der gehärteten Fräser eine Verbesserung der Bearbeitung möglich sein.

Die Bearbeitung der Kegelräder mit dem Formfräser, wie sie vereinzelt noch vorgenommen wird, führt zu keiner bestimmten Flankenform, da die Einstellung des Werkzeugs nur auf einem Ausprobieren beruht. Die Räder sind nur für geringe Umfangsgeschwindigkeiten und für untergeordnete Zwecke zu verwenden. Schon die Wahl des Fräsers, wenn dessen Profil auch nur für einen Zahnquerschnitt maßgebend ist, ist ungenau, da man sie nach der Tredgoldschen Annäherung vornimmt.

Überhaupt ist der Fehler, den man durch die Anwendung der Aufwicklung der ebenen Evolvente auf den Ergänzungskegel an Stelle der sphärischen Evolvente begeht, so groß, daß die Ersparung der Berechnung der sphärischen Evolvente oder der zeichnerischen Darstellung, mit deren Hilfe man die genaue Form erhält, nicht gerechtfertigt erscheint.

Dasselbe gilt für die Herstellung der Schablonen, die in den Kegelrad-Hobelmaschinen Verwendung finden. Auch diese lassen sich ohne Schwierigkeit berechnen, bzw. zeichnen und würden bessere Resultate ergeben als Schablonen, die nach der Tredgoldschen Annäherung bearbeitet sind. Die besten Schablonen liefert, da sie theoretisch genau sind, die Maschine der Gleason Works, die die Erzeugung der Zahnkurven beim Ausfräsen aus dem Blech vornimmt. Allerdings werden die Schablonen sehr teuer und erfordern die Festlegung eines großen Kapitals. Man stuft daher die Schablonen wie die Fräser beim Formverfahren ab und nimmt die damit verbundene Ungenauigkeit in Kauf. Verwendet man Schablonen, die nach der Tredgoldschen Annäherung geformt sind, so ist zu beachten, daß sich die Fehler dieser Annäherung und der Schablonenabstufung summieren.

Die nach dem Wälzverfahren arbeitenden Maschinen sind durch die Abhängigkeit der Zahnkurve vom Spitzenwinkel und der Zähnezahl auch zu Annäherungen gezwungen, um die Kosten der Maschinen nicht zu hoch zu machen. Am günstigsten ist das Prinzip der Warren-Maschine (L. Loewe & Co.) für die Genauigkeit, weil dies durch einen besonderen Antriebsmechanismus die Einstellung jedes Übersetzungsverhältnisses, also jeden Spitzenwinkels ermöglicht. Ein Fehler tritt bei der Maschine dadurch auf, daß man die Werkzeuge mit der Planradzahnkurve ausbildet, in Wirklichkeit das Arbeitsstück mit einem Rad von angenähert 180° Spitzenwinkel wälzen läßt. Die Abweichungen von der theoretischen Kurve werden jedoch so gering, daß sich ihre Genauigkeit den üblichen Genauigkeiten der Bearbeitungsverfahren ziemlich gleichstellt und die mögliche konstruktive Abänderung unnötig macht.

Theoretisch genau arbeiten die Bilgram- und die Gleason-Maschine für jene Spitzenwinkel, für die ein Rollbogen, bzw. Kegelradsegment vorhanden ist. Da letztere bei der Bilgram-Maschine von 5 zu 5 Grad, bei Gleason im Durchschnitt um 4 Grad abgestuft sind, so treten für die dazwischen liegenden Winkel Fehler auf, die denen beim Formverfahren ungefähr gleichkommen.

Allerdings lassen sich die Werkzeuge in den beiden letzten Maschinen genauer einstellen als in der Warren-Maschine.

Literatur.

American Machinist.

Brown & Sharpe, Providence, A practical treatise on gearing.

— Katalog über Maschinen und Werkzeuge.

Dinglers polytechnisches Journal.

Engineering.

Ernst, Eingriffsverhältnisse der Schneckengetriebe.

Fellows Gear Shaper Co., Springfield, Broschüre.

Grant, A treatise on gearing.

Journal of the Franklin Institute.

Jurthe & Mietschke, Handbuch der Fräserei.

v. Knabbe, Fräser.

L. Loewe & Co., Berlin, Katalog über Maschinen und Werkzeuge.

Mac Kord, Kinematics.

Machinery.

Pregél, Bilgrams Kegelradhobelmaschine.

Reinecker, Katalog über Maschinen und Werkzeuge.

Reuleaux, Kinematik.

Stolzenberg & Co., Reinickendorf, Katalog über Zahnräder.

Transactions of the American Society of Mechanical Engineers.

Werkstatts-Technik.

Zeitschrift des Vereins deutscher Ingenieure.

Zeitschrift für Werkzeugmaschinen und Werkzeuge.

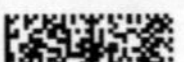